Richard Deiss

Der Schicksalsbahnhof jenseits der Berge

Kleine Geschichten zu 111 Bahnhöfen in den Alpenländern

Adresse des Autors:
Machnowerstr. 65
D-14165 Berlin
Email: richard.deiss@gmail.com

Anregungen und Verbesserungsvorschläge sind willkommen und werden in der nächsten Auflage (Herbst 2021) berücksichtigt.

Herstellung und Verlag: BoD - Books on Demand, Norderstedt
Siebte Auflage 2020, Originalausgabe

Printed in Germany

ISBN   978-3-752-669-978

Der Inhalt des Buches entspricht der Privatmeinung des Autors.

Bibliografische Information der Deutschen Nationalbibliothek
Die Deutsche Nationalbibliothek verzeichnet diese Publikation in der Deutschen Nationalbibliografie; detaillierte bibliografische Daten sind im Internet über http://dnb.d-nb.de abrufbar.

Inhalt

Vorwort

Im Sommer 2007 brachte ich das *Taschenbuch Palast der tausend Winde und Stachelbeerbahnhof* heraus, welches kleine Geschichten, interessante Fakten und Anekdoten zu 200 Bahnhöfen weltweit enthielt. Im Laufe der Zeit sammelten sich weitere Anekdoten an und so publizierte ich Ende 2008 einen eigenen Band für außereuropäische Bahnhöfe (*Der Lebkuchenbahnhof am Ende der Welt*).

Später sind weitere Geschichten dazugekommen und deshalb veröffentlichte ich im Sommer 2009 Anekdoten zu amerikanischen Bahnhöfen in einem dritten Taschenbuch (*Grand Central Terminal und Pampabahnhof*) und im Herbst 2009 Anekdoten zu europäischen Bahnhöfen (*Flügelradkathedrale und Zuckerrübenbahnhof*) in einem vierten Band.

Mit dem vorliegenden fünften Band zu Bahnhöfen in den Alpenländern ist die Reihe mit insgesamt 1001 Bahnhofsgeschichten nun abgeschlossen.

Die in der siebten Auflage dieses Bändchens neu hinzugekommenen Bahnhöfe sind mit einer Raute ❖ gekennzeichnet. Es handelt sich um Bahnhöfe in Kärnten (Villach, Velden, Pörtschach) und Osttirol (Lienz, Huben).

Das vorliegende Buch enthält somit Anekdoten und Fakten zu (mindestens) 111 Bahnhöfen in Österreich, der Schweiz, Liechtenstein und in Südtirol. Etwa alle 2 Jahre soll das Buch aktualisiert werden. Hinweise für weitere interessante Geschichten, Anekdoten und Fakten zu Bahnhöfen sind deshalb immer willkommen.

Danken möchte ich besonders *Hubert Riedle* (Bern), der das Schweiz-Kapitel aktualisiert und ergänzt und die Beiträge zu Altdorf und Genf Eaux-Vives geschrieben hat, sowie *Jörg Berkes* (Langen) für Hinweise und Korrekturvorschläge

Berlin, im Dezember 2020
Richard Deiss

1. Bahnhöfe in Österreich

<u>1.1 Wien</u>

Wien Westbahnhof

Österreichs Städte wurden im Krieg allgemein weniger stark bombardiert als die deutschen, doch etliche Bahnhöfe wurden zerstört, unter anderem die in Innsbruck, Graz und Linz. Obwohl die Kriegsschäden nicht bei allen Wiener Bahnhöfen gravierend waren, wurden die meisten von ihnen durch Neubauten ersetzt. Und wie in Berlin wird der Phantomschmerz des Verlustes der historischen Bahnhöfe durch das Projekt eines neuen Hauptbahnhofes sublimiert. Infolge der langjährigen Isolierung durch den wenige Kilometer östlich von Wien verlaufenden Eisernen Vorhang war lange Zeit der Westbahnhof die wichtigste Bahnstation Wiens. Dieser 1858 eröffnete Bahnhof brannte 1945 aus, 1949 wurde er abgerissen und 1952 wurde ein Neubau eröffnet. 1995 trat Österreich der EU bei, der Bahnhofsplatz wurde zum Europaplatz und 15 Flaggenmasten wurden vor dem Bahnhof aufgestellt. Mittlerweile gibt es jedoch 27 EU-Mitgliedsländer. Die Masten waren auch aus einem anderen Grund obsolet: aufgrund eines Konstruktionsfehlers hätten sich gehisste Flaggen durch Luftverwirbelungen um die zu dicht beieinanderstehenden Masten gewickelt. Mit dem Umbau des Westbahnhofs sind die Masten mittlerweile verschwunden.

Der Eskimo am Westbahnhof

Der Wiener Schauspieler und Kabarettist Helmut Qualtinger (1928-1986) schaffte es im Sommer 1951, eine Zeitungsente zu lancieren. Diese kündigte den Wien-Besuch des berühmten Eskimo-Dichters Kobuk an. Etliche Reporter warteten am 3. Juli 1951 im Wiener Westbahnhof auf den Autor von ‚Das brennende Iglu‘. Dem Zug entstieg statt des Eskimos Helmut Qualtinger mit Pelzmantel und Pelzmütze. Auf die Frage eines

Radioreporters nach seinem ersten Eindruck von Wien antwortete er *‚Haaß is'* (‚Heiß ist's').

☞ Am 19. Oktober 2011 eröffnete am Wiener Westbahnhof die erste ‚Happiness Station' der Eiskrem-Marke *Eskimo*. Nun gibt es also wieder einen ‚Eskimo am Westbahnhof'.

Wien Südbahnhof

Der einst prächtige alte Wiener Südbahnhof wurde nach dem Krieg durch einen gesichtslosen Neubau ersetzt. Helmut Qualtinger meinte *‚dass der Südbahnhof dafür sorgt, dass jeder Eintreffende Wien im Zustand von 1945 erlebt.'* Die vom Vorgängerbau gerettete Skulptur des geflügelten Markuslöwen (das Symbol Venedigs) erinnerte jedoch in der nüchternen Bahnhofshalle noch lange an die Zeit, als die Lagunenstadt ‚noch bei Österreich war'. Reisende und Besucher trafen sich im Bahnhof *'beim Löwen'*. Anfang 2010 wurde das Aufnahmegebäude des Südbahnhofs abgetragen, um Platz für den neuen Wiener Hauptbahnhof zu schaffen. Dieser wurde im Dezember 2012 teilweise und 2015 vollständig in Betrieb genommen.

☞ Früher galt der Südbahnhof innerhalb Wiens als eher schlecht erreichbar. Der österreichische Schriftsteller Karl Kraus (1874-1936) meinte einst: *‚Nach Ägypten wär's nicht so weit. Aber bis man zum Südbahnhof kommt...'*

Der Franz-Josefs-Bahnhof

Der Schriftsteller Heimito von Doderer bezeichnete den Franz-Josefs-Bahnhof einst als *‚der böhmische Bahnhof zu Wien'*. Von hier fuhren Züge ins böhmische Bäderdreieck und hier kam böhmisches Bier aus Pilsen an. Ein Prager Architekt entwarf zudem den im historisierenden Ringstraßenstil 1872 erbauten Bahnhof.

Der Franz-Josefs-Bahnhof wurde im Zweiten Weltkrieg nur wenig zerstört und war der einzige der großen Wiener Bahnhöfe, der unmittelbar nach dem Krieg den Betrieb wieder aufnehmen konnte. Doch durch fehlende Investitionen und Vernachlässigung ging es in den folgenden Jahren mit dem Bahnhof schleichend bergab. Schließlich wurde der Bahnhof Opfer von Modernisierungswahn und Profitinteressen. Die Bahn sollte unter die Erde verlegt werden und das Bahnhofsgelände mit 4 Hochhäusern bebaut werden. Schließlich wurden diese Pläne zu einem nur 28 Meter hohen Glasfassadenkomplex zurechtgestutzt, der ‚Kristall' oder auch ‚Riese vom Alsergrund' genannt wird. Er beherbergt ein Computerzentrum einer Großbank, eine Wirtschaftsuniversität und Hochschulinstitute. Da bei der Überbauung kommerzielle Interessen Vorrang vor Fahrgastbedürfnissen hatten, war der Zugang zum Bahnhof nur schwer zu finden. Lange galt deshalb der Spruch *‚Nur Eingeweihte wissen den Eingang zu finden'*. Mittlerweile ist der Bahnhofsname am Eingang gleich doppelt zu lesen.

Der Bahnhof als Filmstar

Weil der Bahnhof eine historische Kulisse abgab und der schwache Verkehr wenig mit Dreharbeiten ins Gehege kam, wurde der alte Franz-Josefs-Bahnhof vor seinem Abriss mehrfach Hintergrund von Filmaufnahmen. Sein altertümliches Stellwerk 1, ein Relikt aus der Entstehungszeit trug 1959 im Film *‚Der brave Soldat Schwejk'* die Aufschrift ‚Smolensk' und war für die Filmaufnahmen von künstlichen Sonnenblumen umgeben. Im Jahr 1967 wurde der Film ‚Mayerling' mit Omar Sharif als Kronprinz Rudolf in der Bahnhofshalle gedreht. Eine reiche Dekoration mit Flaggen Großbritanniens und der k.u.k.-Monarchie verdeckte den sich verschlechternden Bauzustand der Bahnhofshalle.

Der alte Nordbahnhof

Der 1865 erbaute alte Nordbahnhof war einst der wichtigste Bahnhof Wiens. Nach der Besichtigung sagte Erzherzog Ludwig kopfschüttelnd: „Sehr schön, aber für Wien viel zu groß." Für den kaiserlichen Hof war ein luxuriöser, mit wertvollen Bildern geschmückter Wartesalon vorhanden. Vom Nordbahnhof fuhren einst Züge nach Brünn, Krakau und Lemberg ab. Der aus einem galizischen Schtetl stammende Joseph Roth (1894-1939) meinte einst, dass *‚durch den Nordbahnhof noch das Aroma der Heimat wehe‘* und er *‚ein offenes Tor für den Rückweg darstelle‘*.

Der alte Nordbahnhof Wiens (Postkarte)

Später schrieb Roth: *‚Ich könnte jahrelang zu Hause sitzen und zufrieden sein. Wenn nur die Bahnhöfe nicht wären‘*.

Der Nordbahnhof war Ausgangspunkt der Kaiser-Ferdinand-Nordbahn, der ersten Dampfeisenbahn Österreichs. Weil es anfangs viele Unfälle mit Todesfolge gab, hatte die Nordbahn bald den Spitznamen *‚Mordbahn‘*. Allerdings sagte man auch *‚Pünktlich wie die Nordbahn‘*.
Wegen mäßigem Angebot in den Speisewagen wurde das Bahnkürzel KFNB von der Bevölkerung auch als *‚Kein Fleisch, nur Brot‘* interpretiert.

Der Niedergang des Nordbahnhofes

Mit seinem toskanisch-maurischen Stilmix war der Nordbahnhof Stilvorbild verschiedener k.u.k-Bahnhöfe, so desjenigen von Czernowitz. Im Zweiten Weltkrieg wurde der Nordbahnhof beschädigt, hätte aber durchaus erhalten werden können. Doch wie andere Wiener Bahnhöfe ließ man ihn verfallen. 1965 wurde er schließlich gesprengt. Heute gilt die unweit gelegene Station Praterstern als Nachfolger des Nordbahnhofs, allerdings fahren von diesem Bahnhof nur wenige Fernzüge ab.

Wien Mitte

Vom Praterstern auf der S-Bahn-Stammstrecke eine Station weiter nach Süden liegt der Bahnhof *Wien Mitte*, der ursprünglich *Wien Hauptzollamt* und später Wien Landstraße hieß. Der Bahnhof *Wien Hauptzollamt* war 1859 auf dem Gelände eines zugeschütteten Bassins des Wiener Neustädter Kanals errichtet worden. Um 1975 gab es Pläne, in der Station Fernzüge halten zu lassen, deshalb wurde sie von *Wien Landstraße* in *Wien Mitte* umbenannt. Fernzüge halten hier immer noch nicht, doch mit dem U-Bahnanschluss 1978 wurde die Station zu einem wichtigen Verkehrsknoten. Mit 60 000 Fahrgästen gilt Wien Mitte als der am zweitstärksten frequentierte Bahnhof Österreichs (wenn man die U-Bahn hinzuzählt). Doch an der aus dem Jahr 1962 stammenden Bausubstanz des Bahnhofskomplexes nagte in den letzten Jahrzehnten zusehends der Zahn der Zeit. Der Bahnhof galt immer mehr als ‚*Schandfleck Wiens*'. 1999 wurde ein Neubau des Bahnhofsbereichs geplant, einschließlich des Hochhausprojekts Wien Mitte, mit fast 100 m hohen Bürotürmen. Dieses Projekt wurde mittlerweile aufgegeben. Der alte Bahnhofskomplex, von Bürgermeister Häupl als *Ratzenstadl* bezeichnet, ist jedoch mittlerweile abgerissen. An seiner Stelle entstand ein Neubaukomplex mit Büros, Läden und einem Hotel.

Wien Meidling

Überraschenderweise ist Wien Meidling heute der meistfrequentierte Bahnhof Österreichs. Und diese Position dürfte er in den nächsten Jahren halten, denn ab Dezember 2009 übernahm er für drei Jahre die Funktionen des sich im Umbau befindlichen Südbahnhofs. Meidling hatte sogar noch ein aus dem Jahr 1841 stammendes Stationsgebäude, welches aber in den letzten Jahren abgerissen wurde. Im Österreichischen Bürgerkrieg des Jahres 1934 besetzte die Sozialdemokratische Arbeiterpartei SDAP den Bahnhof. Die Polizei konnte erst mit Hilfe des Bundesheeres, welches einen Panzerzug einsetzte, den Bahnhof zurückerobern.

Der Aspangbahnhof

Der Aspangbahnhof galt als einer der Schicksalsorte Wiens und Österreichs. 1881 wurde er auf einem zugeschütteten Wiener Hafenbecken errichtet. Ab 1939 war der Bahnhof Ausgangspunkt für die Deportation der jüdischen Bürger Wiens.
Am 8. Mai 1995, dem 40. Jahrestag des Endes des Zweiten Weltkriegs, wurde am Platz der Opfer der Deportation ein Gedenkstein mit folgender Inschrift enthüllt:

> *IN DEN JAHREN 1939-1942*
> *WURDEN VOM EHEMALIGEN ASPANGBAHNHOF*
> *ZEHNTAUSENDE ÖSTERREICHISCHE JUDEN*
> *IN VERNICHTUNGSLAGER TRANSPORTIERT*
> *UND KEHRTEN NICHT MEHR ZURÜCK*

1971 wurde der Bahnhof stillgelegt, 1977 abgetragen. Seither findet sich am ehemaligen Standort ein unbebauter Platz.
Hier soll allerdings in Zukunft das Projekt *Eurogate* realisiert werden.

Hütteldorf und Otto Wagner

Otto Wagner (1841-1918) war der bedeutendste Jugendstilarchitekt Wiens und auch als Bahnhofserbauer von Bedeutung. So stammt das Aufnahmegebäude des 1898 errichteten Bahnhofs Wien-Hütteldorf von Otto Wagner. Es zeichnet sich wie andere Wagner-Verkehrsbauten durch Wohlproportioniertheit, harmonisch aufeinander abgestimmte Details und zeitlose Ästhetik aus. Früher hieß die Station Hütteldorf-Hacking, was, denkmalgeschützt, immer noch an der Fassade abzulesen ist. In Hütteldorf hatte Wagner auch zwei Villen errichtet, in denen er selbst zeitweilig wohnte.

Heiligenstadt und Otto Wagner

Otto Wagner prägte auch die Architektur der Stationen der tangential verlaufenden *Vorortelinie* Hüttelstadt-Heiligenstadt. Mehrere Stationen wurden in der Nachkriegszeit jedoch abgetragen oder in anderem Stil wiederaufgebaut. Heute noch in Otto Wagner-Architektur erhalten sind die Stadtbahnstationen Ottakring, Hernals und Gersthof. In Heiligenstadt, dem Endpunkt der *Vorortelinie*, sind noch Elemente der Wagner-Architektur erhalten.

Wien Floridsdorf

Der österreichische Eisenbahnpionier Mathias von Schönerer (1807-1881) bestellte einst eine Lokomotive für die Wien-Raaber Eisenbahn nicht, wie damals üblich, in England (bei Stevenson), sondern im amerikanischen Philadelphia (deshalb gibt es in Wien heute eine Philadelphiabrücke). Per Schiff wurde die Lok 1839 nach Triest gebracht und von dort per Ochsenkarren nach Wien gezogen.

Auf der Strecke Floridsdorf-Wagram wurden damals die ersten Lokomotiven getestet. Trotz des frühen Beginns des Eisenbahnzeitalters in Floridsdorf bekam der heutige 21. Gemeindebezirk von Wien erst 1961 einen Bahnhof.

Rudolf Steiner und der brennende Zug

Der österreichische Esoteriker und Begründer der Anthroposophie Rudolf Steiner wurde 1861 in Donji Kraljevec im heutigen Kroatien als Sohn des Bahnbeamten Johann Steiner geboren. Steiners Vater wurde 1863 Vorsteher des Bahnhofs von Pottschach (Niederösterreich) an der Südbahn. Als kleiner Junge erlebte Rudolf 1868 an der Bahnstation etwas für ihn ‚Erschütterndes‘. Ein Güterzug brauste heran. Ein hinterer Waggon stand in Flammen. Das Zugpersonal hatte nichts davon bemerkt. Der Zug lief brennend in die Station Pottschach ein. Was sich hierbei abspielte, machte einen tiefen Eindruck auf Steiner. Lange Zeit beschäftigte ihn die Frage, wie so was geschehen konnte. Was die Erwachsenen ihm sagten, blieb unbefriedigend für ihn. Er blieb voller Fragen und trug diese unbeantwortet mit sich herum, was sich später sogar in seinem Denken und Werk als Anthroposoph niederschlug. 1868 wechselte sein Vater zum Bahnhof Neudörfl, im heutigen Burgenland, damals aber zu Ungarn gehörend. Hier blieb er Bahnhofsvorsteher bis 1879, als es einen erneuten Wechsel zum Bahnhof Inzersdorf bei Wien gab.

St. Pölten - hässliches Entlein und schöner Schwan

Der 1858 eröffnete Hauptbahnhof von St. Pölten ist einer der wenigen größeren Bahnhöfe Österreichs, welche im Krieg nur wenig zerstört wurden und in ihrer historischen Architektur erhalten geblieben sind. Doch im Land scheint man eher moderne Bahnhöfe zu lieben. Beim Bahntest des *Verkehrsclubs Österreich* (VCÖ) im Jahre 2007 wurde der Bahnhof, der täglich von 25 000 Reisenden genutzt wird, bei den Stationen, die am wenigsten gefallen, an erster Stelle aufgeführt. 2008 war er nach dem Wiener Südbahnhof der zweit-unbeliebteste Bahnhof Österreichs. Der moderne Bahnhof von Linz wurde dagegen in beiden Jahren von den Fahrgästen zum schönsten

Bahnhof gewählt, gefolgt von den ebenfalls modernen Bahnhöfen von Innsbruck und Graz. Bis 2011 wurde der Bahnhof von St. Pölten umgebaut und erfolgreich modernisiert und gilt seither als hässliches Entlein, welches zum schönen Schwan wurde.

Egon Schiele und der Bahnhof von Tulln

Der österreichische expressionistische Maler Egon Schiele wurde am 12. Juni 1890 als Sohn des Bahnhofsvorstehers Adolf Eugen Schiele im Bahnhof von Tulln geboren. Die Wohnung der Familie Schiele im Bahnhof ist heute Teil des örtlichen Egon-Schiele-Museums. Schieles künstlerisches Talent zeigte sich bald, bereits mit 16 wurde er in die Akademie der Bildenden Künste in Wien aufgenommen. Schiele behauptete später ‚Eisenbahnerblut‘ in den Adern zu haben‘; er liebte es, einfach so mit der Bahn unterwegs zu sein. Einmal fuhr er mit dem Schnellzug Wien-Paris bis Feldkirch in Vorarlberg, wartete dort zwei Stunden auf den Gegenzug und für dieselbe Strecke einfach wieder zurück. 1918, Schiele war erst 28, raffte die damals wütende Spanische Grippe, die weltweit mehr als 25 Millionen Menschen das Leben kostete, den berühmten Maler in Wien dahin.

Die Gloggnitzer Würstel

Gloggnitz ist eine am Fuß des Semmerings gelegene niederösterreichische Stadt. Bevor der Südbahnhof gebaut wurde, gab es in Wien sogar einen Gloggnitzer Bahnhof. Um den Semmering queren zu können, wurden zu Dampflokzeiten in Gloggnitz die von Wien kommenden Flachlandlokomotiven gegen Gebirgslokomotiven getauscht, was eine viertelstündige Wartezeit im Bahnhof mit sich brachte. Diese Zeit reichte nicht für einen Restaurantbesuch, sondern lediglich dafür, die bald legendären ‚Gloggnitzer Würsteln‘ zu verzehren. Laut dem Buch *Stationen der Erinnerung* von Gerhardt Trumler und Christoph Wagner wurde der Gloggnitzer Bahnhof so zu einem ‚Eldorado der Jausenkultur' (Jause = Brotzeit). Kaum war ein Zug eingefahren, stürzten sich Kellner mit riesigen Tabletts auf den Bahnsteig und liefen Kunden suchend die Waggons entlang.

Gloggnitz und der Schornstein

Als die Semmeringbahn eröffnet wurde fuhr ein Sonderzug mit Kaiser Franz Joseph I. in den Bahnhof ein. Irgendwas muss nicht mit den Massen gestimmt haben, denn leider riss dabei das Vordach des Bahnhofs den Schornstein der Lokomotive ab. Die Feiergesellschaft am Bahnhof liess sich nicht aus der Ruhe bringen, sah jedoch bald ein wenig verrußt aus.

Bahnhof Semmering und das Ghega-Denkmal

Am Bahnhof von Semmering befindet sich ein großes Denkmal für den Ingenieur und Semmering-Erbauer Carl von Ghega (1802-1860), das zehn Jahre nach dessen Tod erbaut wurde. Das Denkmal zitiert Ghega folgendermaßen:

> *Durch die Eisenbahn verschwinden die Distanzen, die materiellen Interessen werden gefördert, die Cultur wird gehoben und verbreitet.*

Laxenburg

20 km südlich von Wien befinden sich die einst von österreichischen Monarchen genutzten Schlösser von Laxenburg. Die heute nicht mehr existierende und extra für den österreichischen Kaiser errichtete *Laxenburger Bahn* sicherte den Anschluss zum Bahnhof Mödling bei Wien und damit zur Südbahn.

Um die ankommenden Monarchen nicht im Regen stehen zu lassen, hatte der ‚Kaiserbahnhof' in Laxenburg sogar eine Bahnsteighalle (die kleinste Bahnsteighalle Österreichs). Nach einer Restaurierung sieht der Bahnhof von außen wieder so aus wie im Jahr 1847. Allerdings findet man in ihm keine Züge, sondern ein Restaurant und eine Tennishalle. Bemühungen, hier ein Südbahnmuseum einzurichten, sind bisher nicht von Erfolg beschieden gewesen.

Amstetten und die Überdachung

Der Bahnhof von Amstetten wurde bereits 1858 an der damaligen Kaiserin-Elisabeth-Bahn (heute Westbahn) eröffnet. 1992 bekam der Bahnhof im Zuge eines Umbaus eine neue Überdachung. Diese galt als so gelungen, dass sie 1996 mit dem internationalen *Brunel Award* ausgezeichnet wurde.

Gänserndorf: Park & Ride und Piefke

In Gänserndorf wurde 1978 im Zuge des Ausbaus der S-Bahn Wien die erste Park & Ride-Anlage Österreichs eingerichtet. Am 9.9.2009 gab es in Gänserndorf eine weitere Besonderheit: die Eröffnung eines Piefke-Denkmals. Johann Gottfried Piefke (1815-1884) war ein preußischer Militärmusiker, der 1866 in Gänserndorf mit seinem Blasmusikorchester ein großes Konzert gab. Piefkes Blaskapelle genoss in der Donaumonarchie ein solches Ansehen, dass man sagte ‚*die Piefkes kommen!*‘ Später wurde Piefke zum eher abwertenden Begriff in Österreich für den von nördlich der Mainlinie kommenden (‚preußischen‘) Deutschen.

Gmünd

Nach dem Zerfall der Donaumonarchie wurde Gmünd, das über großzügige Bahnhofsanlagen verfügte, zu einer Grenzstadt. Die nördlichen Ortsteile Gmünds mit dem prächtigen Bahnhof der Stadt wurden der Tschechoslowakei zugesprochen. Die in Österreich verbliebene Haltestelle Gmünd Stadt wurde daraufhin bis 1922 zu einem Bahnhof ausgebaut. Früher fuhren über Gmünd und die Franz-Josefs-Bahn Direktzüge von Prag nach Wien. Einmal reiste der Schriftsteller Franz

Kafka in viereinhalb Stunden von Prag nach Wien. In umgekehrter Richtung musste er im Juli 1920 schmerzvolle Erfahrungen mit der neu entstandenen Grenze machen. Sein österreichisches Visum war abgelaufen und die Grenzbeamten wollten ihn nach Wien zurückschicken, statt ihn nach Prag reisen zu lassen. Irgendwann hatten sie aber ein Einsehen, immerhin lag der Gmünder Bahnhof damals schon auf tschechischem Gebiet.

Mariazell

Der Wallfahrtsort Mariazell war im 19. Jahrhundert einer der wichtigsten österreichischen Fremdenverkehrsorte. So gab es bald Bestrebungen, ihn über St. Pölten an die 1858 fertig gestellte Westbahn anzuschließen. Schließlich baute man eine Schmalspurbahn in ‚bosnischer‘ 760 mm-Spurweite. Im Jahr 1907 konnte der Betrieb bis Mariazell aufgenommen werden. Im Mariazeller Bahnhof ist heute eine fahrzeugtechnische Rarität stationiert, die schon durch die Gegend dampfte, bevor es den Bahnhof gab: die älteste Dampftramway-Lokomotive der Welt. Sie wurde im Jahre 1884 gebaut. Von Juli bis September ist sie jedes Wochenende im Einsatz, allerdings nicht auf der Mariazellerbahn, sondern auf der 2.3 km langen 1435 mm Museumstramway Mariazell-Erlaufsee.

Neulengbach

Am 31. Mai 2006 wartete Georg Parrer, Infrastrukturchef im österreichischen Verkehrsministerium, aufgrund eines bei sich geführten falschen ÖBB-Fahrplanes in Neulengbach vergeblich auf den Zug nach Linz. Da er dort einen Termin mit dem Verkehrs-Staatssekretär hatte forderte er den ÖBB-Fahrdienstleiter mit den Worten *‚Ich bin aus dem Verkehrsministerium und daher Betreiber der Züge‘*, auf, einen Intercity-Zug nach Linz außerplanmäßig in Neulengbach halten zu lassen. Der Fahrdienstleiter kam diesem Wunsch tatsächlich nach, der Intercity stoppt in Neulengbach.

In das Meldebuch der Bahn trug er Folgendes ein: *,Der Reisende verlangt, weil er seinen Zug versäumt hat und nach Linz muss, einen außerplanmäßigen Halt'*. Später verteidigte sich Parrer gegenüber der Presse ,Einen Staatssekretär kann man doch nicht warten lassen'. Diese monierte auch, dass er die 160 Euro, die bei einem außerplanmäßigen Halt anfallen, nicht bezahlt hätte. Heute könnte sich diese Szene nicht mehr so abspielen, seit Fahrplanwechsel 2010/11 hält der Intercity planmäßig in Neulengbach.

Kopfstetten-Eckartsau und der Kaiser

Im Marchfeld steht der kleine stillgelegte Landbahnhof Kopfstetten-Eckartsau. Das alte Stationsschild wurde abgeschraubt und befindet sich in einem Museum. Denn von diesem Bahnhof fuhr am 23. März 1919 das österreichische Kaiserpaar ins Exil in die Schweiz. An der kleinen Station versammelten sich damals 2000 Menschen, um das Kaiserpaar abfahren zu sehen. Kaiser Karl lehnte sich noch einmal aus dem Zug und verabschiedete sich mit den Worten *,Meine Freunde, auf Wiedersehen'*.

Marchegg und die Terroristen

Anfang der 1970er Jahre war Österreich Transitland für auswandernde sowjetische Juden. Auswandererzüge aus der Sowjetunion erreichten Österreich im Bahnhof Marchegg (heute Grenzbahnhof zur Slowakei). Von dort wurden sie ins Transitlager Schönau gebracht und über den Flughafen Wien Schwechat meist nach Israel ausgeflogen. Am 28. September 1973 brachten zwei palästinensische Terroristen im Bahnhof Marchegg drei jüdische Emigranten, die in einem Zug aus der Sowjetunion eintrafen, und einen österreichischen Zollbeamten in ihre Gewalt. Die Geiselnehmer forderten eine Auflösung des Transitlagers Schönau (welches nach ihrer Ansicht dazu beitrug, das jüdische Element in Palästina stärken) und freie Ausreise in den Nahen Osten. Die Regierung Kreisky ging am gleichen Tag auf die Forderungen ein, die Geiseln wurden freigelassen und die Terroristen nach Libyen ausgeflogen. Österreich wurde für diese Nachgiebigkeit kritisiert, vor allem von Israel. Die israelische Ministerpräsidentin Golda Meir reiste extra nach Wien, um gegen die Aufhebung des Transitlagers Schönau zu protestieren und meinte später, ihr wäre beim Gespräch mit Kreisky nicht mal ein Wasserglas angeboten worden. Während Schönau geschlossen wurde, eröffnete man jedoch ein neues Transitlager.

Scheibbs und das Eisenwalzwerk

Im niederösterreichischen Erlauftal hatte sich schon früh eine für die damalige Zeit technisch anspruchsvolle Kleineisenindustrie entwickelt. Zu verdanken war dies vor allem Andreas Töpper (1786-1872), der es vom einfachen Schmied zum Industriellen gebracht hatte und der bei Scheibbs das damals modernste Eisenwalzwerk Europas betrieb. Töpper setzte sich auch für den Bau der Erlauftalbahn Pöchlarn-Kienberg-Gaming ein welche 1877 vollendet wurde. Auch der Bürgermeister von Scheibbs, Ignaz Höfinger, bemühte sich sehr um den Bau der Bahn. Scheibbs bekam schließlich einen Bahnhof, der mit seinem niedrigen in hellem beige ausgeführten Erdgeschoss und dem dunkel gehaltenen Giebelbereich den anderen Bahnhöfen der Strecke ähnlich sah. Seit Dezember 2010 ist Scheibbs Endstation des Personenverkehrs im Erlauftal. Die weiteren 10,5 km bis Kienberg-Gaming wurden stillgelegt und dienen nur noch dem Güterverkehr.

Karnabrunn Hauptbahnhof

Foto: Andreas Baumgartner

Am Schotterbahnsteig der kleinen niederösterreichischen Station Karnabrunn ist ein Schild mit der Aufschrift ‚Hauptbahnhof' zu lesen. Wie kam es dazu?

1988 wurde die 1904 eröffnete Bahnstrecke Korneuburg-Ernstbrunn(-Mistelbach) für den Personenverkehr stillgelegt. Auf der für heute für den Gesamtverkehr stillgelegten Strecke waren noch im Sommer 2002 Züge für Filmdreharbeiten („Wolfszeit") unterwegs, heute ist die Strecke nicht mehr befahrbar. Die Bahnlinie Ernstbrunn-Korneuburg ist immerhin noch Güterzugstrecke. Manchmal kommen auch Personen-Sonderzüge des niederösterreichischen Vereins *Neue Landesbahn,* der sich um die Erhaltung von Nebenbahnen im Mühlviertel bemüht, zum Einsatz. Im November 2005 veranstaltete der Verein zusammen mit der Freiwilligen Feuerwehr Karnabrunn eine seither jedes Jahr wiederholte Sonderzugfahrt zum örtlichen Perchtenlauf. Der Verein befreite den Bahnhof nicht nur von Bewuchs, er stellte auch spaßeshalber ein Schild ‚*Karnabrunn Hauptbahnhof'* auf, welches heute noch zu sehen ist.

Bahnhof Eisenstadt und die k.u.k-Zeit

Das Burgenland gehörte einst zur ungarischen Reichshälfte und Hauptstadt der Region war damals Ödenburg (ungarisch: Sopron). Die Ödenburger votierten aber nach der Auflösung der k.u.k.-Monarchie nach dem 1. Weltkrieg für Ungarn, weshalb die Stadt von den Ungarn den Titel *urbs fidelissima* bekam (treueste Stadt). So musste für das Burgenland eine Hauptstadt gefunden werden und diese Ehre wurde der kleinen Stadt Eisenstadt zuteil.

Im Jahre 1907, also noch zu ungarischen Zeiten, wurden vor dem Bahnhof vier Bäume gepflanzt, zwei Platanen, eine Esche und ein Trompetenbaum. 100 Jahre später hatten sich die Wurzeln der Bäume so weit ausgebreitet, dass die Substanz des Bahnhofsgebäudes gefährdet war. Im Bahnhofsrestaurant hatten die Wurzeln den Boden um bis zu 5 Zentimeter angehoben. So beschloss man im Frühjahr 2007 die Bäume zu fällen. Damit ging ein weiteres Stück österreichisch-ungarischer Bahngeschichte zu Ende.

Im Jahre 2009 wurde die vorbeiführende Bahnstrecke schließlich elektrifiziert, was der lange wie ein Lokalbahnhof wirkenden Bahnstation ein moderneres Gepräge gab.

Wulkaprodersdorf und die Raaberbahn

Im 2000-Seelen Ort Wulkaprodersorf sitzt die österreichische Betriebsführung des ungarisch-österreichischen Unternehmens GySEV/Raaberbahn (Sitz: Sopron). Sogar zu Zeiten des Kalten Krieges konnte diese Normalspurbahn grenzüberschreitend fahren. Am Bahnhof von Wulkaprodersdorf steht eine kleine schwarze Denkmal-Dampflok (Lok-nummer 377.942), die mit GySEV beschriftet ist (zur Bauzeit gab es den Begriff Raaberbahn noch nicht).

Wulkaprodersdorf und der Blues

Wulkaprodersdorf kommt auch im ‚*Bundesbahn Blues*' (1956) des Wiener Kabarettisten und Komponisten Gerhard Bronner (1922-2007) vor. Auszug:

„ Oh, I was travelling through this country,
travelling with the Bundesbahn - ah geh wusch, ah geh wui!
I said, I was travelling through this country,
with the doggone Bundesbahn - ah geh wusch, ah geh wui!
Taking along my baby, suddenly she was gone - total
verschwunden!...

... Is she in Scheibbs, in Lunz, in Ybbs, in Schruns,
in Wulkaprodersdorf, in Attnang-Puchheim?
Is she in Mistelbach, in Stinkenbrunn,

Is she in Hadersdorf-Weidlingau
In Kaisermühln und Gänserndorf, Amstetten
Is she in Breitenfurt, in Klagenfurt
In Gurgl or in Fuschl or in Graz

Is she in Oberlaa. Is she in Unterlaa
Is she in Erlaa. Or is she in Laa an der Thaya
Donn schrei i Feia!
Is she in Bruck an der Mur
Oder Ybbs an der Donau
Or is she in Bruck an der Leitha And so weiter

Since then I'm travelling through this country,
using still the Bundesbahn from Bludenz to Marchegg -
looking for my baby from Braunau to St. Veit an der Glan - but
my baby is weg. "

Auf Youtube kann eine von Helmut Qualtinger gesungene Version des *Bundesbahn Blues* betrachtet werden.

☞ Im Jahre 2009 wurde im Gebiet des sich im Bau befindlichen Hauptbahnhofs von Wien eine Straße nach Gerhard Bronner benannt.

Graz und Heinrich Harrer

Der österreichische Bergsteiger und Geograph Heinrich Harrer (1912-2006) brach 1939 zu einer Himalaya-Expedition auf, mit dem Ziel den Nanga Parbat (den so genannten `Schicksalsberg der Deutschen´) zu besteigen. Nach dem Ausbruch des Weltkrieges nahmen die Briten Harrer in Indien als Bürger des Kriegsgegners fest, doch gelang ihm eine Flucht nach Tibet, wo er sich 7 Jahre aufhielt und zum Lehrer des heutigen Dalai Lama wurde. 1997 wurde Heinrich Harrers Buch `Sieben Jahre in Tibet´ mit Brad Pitt in der Hauptrolle und einem Budget von 70 Millionen Dollar verfilmt. Eine Szene des Films spielt im Hauptbahnhof von Graz, wo sich Harrer von seiner schwangeren Frau Ingrid verabschiedet und mit dem Expeditionsleiter Aufschnaiter zur Reise nach Asien aufbricht. Diese Szene wurde jedoch nicht im Grazer Bahnhof gedreht, denn Graz hat heute einen Fünfzigerjahre-Bahnhof, der alte Bahnhof wurde im Krieg zerstört. Als Grazer Hauptbahnhof musste vielmehr der Bahnhof der argentinischen Stadt La Plata herhalten. Ein Teil des Filmes wurde nämlich in Argentinien gedreht. Hier gibt es Berge wie in Tibet und die Produktionskosten sind niedrig. Als man nach einer Bahnhofslocation suchte, wurde man im Buenos Aires Vorort La Plata fündig. Das dortige Empfangsgebäude sah altehrwürdig genug aus, den Vorkriegsbahnhof von Graz zu geben.

Graz Hauptbahnhof und Peter Kogler

Anlässlich des Kulturhauptstadtjahres 2003 wurde der Hauptbahnhof von Graz modernisiert und mit einem großflächigen abstrakten Kunstwerk von Peter Kogler versehen.
Peter Kogler (*1959) ist einer der wichtigsten Multimediakünstler Österreichs. Er bedruckt u.a. Papierbahnen mit repetitiven Mustern und generiert dadurch eindrückliche Effekte, so in der Eingangshalle des Grazer Hauptbahnhofs.

Kogler ist regelmäßiger Teilnehmer der Biennale von venedig und war auch auf der Kasseler Documenta bereits zweimal vertreten.

Graz Hbf und Koglers Kunstwerk (Bild: Wikipedia)

Stainz und der Flascherlzug

In der Steiermark gibt es eine Schmalspurbahnlinie (760 mm) auf der der Stainzer „Flascherlzug" verkehrt. Anfang des 20. Jahrhunderts pilgerten Kranke mit Hilfe der Bahn zum in Rachling wohnenden Wunderdoktor Höllerhansl (1866-1935), der Diagnosen aufgrund von Urinproben stellte. Diese führten seine Kunden in „Flascherln" im Gepäck mit, deshalb der Name der Bahn.

Leoben

1978 bekam der Leobener Hauptbahnhof ein funktionales neues Empfangsgebäude. Die Bahnhofshalle wurde mit Emailbildern von Giselbert Hoke geschmückt. Hokes Bilder für den Bahnhof von Klagenfurt hatten in den 1950er Jahren für einen Skandal gesorgt. In Leoben gab es kein Aufheben um seine Bilder, denn mittlerweile war die Gesellschaft offener geworden.

Leobens alter Bahnhof war in seiner Architektur unauffällig. Der österreichische Schriftsteller Fritz von Herzmanovsky-Orlando (1877-1954) schrieb in *Maskenspiel der Genien* Folgendes über den alten Bahnhof Leobens:

‚Bedeutende Schnellzugslinien versickern im Inneren von Österreich, verlieren durch einen rätselhaften Abschuppungsprozeß den Speisewagen in Leoben, diesem Gewitterwinkel des europäischen Reiseverkehrs‘.

Kainach - Bahnhof ohne Eisenbahn

Seit 1890 wurde in der Steiermark die Kainachtalbahn diskutiert, eine Bahnverbindung von Voitsberg über Kainach und einen Tunnel durch die Gleinalpe nach Knittelfeld. In Vorwegnahme wurde vor dem 1. Weltkrieg in Kainach an der Abzweigung Oswaldgraben-Gallmannsegg ein Bahnhofsgebäude errichtet. Doch Krieg, Wirtschaftskrisen und das aufkommende Automobilzeitalter verhinderten die Verwirklichung. Das Bahnhofsgebäude steht noch heute, mittlerweile wird es als Wohnhaus genutzt, doch Schienen sind weiterhin weit und breit nicht zu sehen.

Bahnknoten Selzthal

Selzthal (früher Selztal geschrieben) ist ein wichtiger Bahnknoten im Herzen Österreichs. Über Selzthal werden die Rudolfsbahn, die Phyrnbahn und die Ennstalbahn miteinander verbunden und damit Salzburg, Linz und Graz.

Für Fans von Altbau E-Loks war Selzthal lange ein Mekka, denn im Betriebswerk Selzthal werden E-Loks gewartet.

Der Wiener Schriftsteller und Theaterkritiker Hans Weigel (1908-1991) schrieb einst über den Bahnhof:

‚Selztal ist aber kein Bahnhof wie andere, Selztal ist ein Ereignis, Selztal erklärt vieles was an Österreich anmutet.‘

Heim nach Fürstenfeld

Im Jahr 2006 wurde in Fürstenfeld in der Steiermark erstmals das ÖBB-Pilotprojekt Bahnhof in der City erprobt. Der Bahnhofsschalter wurde geschlossen und der Fahrkartenverkauf in das Tourismusbüro im Zentrum verlegt. Das Projekt war prompt ein Erfolg, die Umsätze mit 73 000 Euro im ersten Jahr höher als erwartet.

1984 war die Stadt bereits durch das Lied 'Fürstenfeld' (in München ein Wiesn-Hit) der Steirer Gruppe STS (Steinbäcker, Timischl, Schiffkowitz) bekannt geworden. Die letzte Strophe geht so:

I brauch kan Gürtel, i brauch kan Ring (= Straßen in Wien)
I will z'ruck hintern Semmering
I brauch nur das bissel Geld
Für die Fahrt nach Fürstenfeld

Womit wir wieder beim Thema 'Fürstenfeld und der Fahrkartenkauf' wären.

Mürzzuschlag und der Bauernhof

1848-1854 wurde unter der Leitung von Carl Ritter von Ghega die Semmeringbahn erbaut. Als bautechnische Meisterleistung steht sie heute auf der UNESCO-Weltkulturerbeliste. Als man 1842 den ersten Teilabschnitt der Südbahn eröffnete, musste man in Gloggnitz noch in Pferdekutschen umsteigen, denn an eine Semmeringtrasse hatte man sich noch nicht gewagt. Zunächst wurde die Bahn erst ab Mürzzuschlag entlang des Mürz- und Murtals weiter nach Graz projektiert. Eine Anekdote sagt, dass die Vermessung ergab, dass die Schienen geradewegs durch den Stall eines Mürztaler Bauern führen würden. Der hatte eigentlich nichts einzuwenden, außer dass die Züge nur bis Einbruch der Dunkelheit verkehren dürften. Danach müsste er nämlich die Stalltür zumachen.

Mürzzuschlag und der Erfinder

Am 27. November 1876 wurde im Bahnhofsgebäude von Mürzzuschlag der Erfinder Viktor Kaplan geboren. Sein Vater war Eisenbahner und hatte eine Dienstwohnung im Bahnhof. Viktor Kaplan (1876-1934) wurde für seine Entwicklung einer Wasserturbine mit verstellbarem Laufrad bekannt, 1912 reichte er sein erstes Turbinenpatent ein. Nach ihm ist die Kaplan-Turbine benannt, die in Wasserkraftwerken eingesetzt wird und damit auch für die Stromversorgung der Österreichischen Eisenbahnen (fast das ganze Netz ist elektrifiziert) bedeutsam ist. Der Anteil der Kapla-Turbine an der weltweiten Wasserkrafterzeugung soll fast 10% betragen. Ein Modell der Kaplan-Turbine steht als Denkmal in der Nähe des Bahnhofs Mürzzuschlag.

Vordernberg Markt und die starke Lok

Am Bahnhof Vordernberg Markt steht als Denkmal eine Zahnradlokomotive mit der Nummer 297.401. Dabei handelt es sich um etwas Besonderes: es ist die stärkste Zahnradlokomotive der Welt. Bis 1978 war der mittlere Abschnitt der Erzbergbahn als Zahnradbahn ausgeführt und die Zugkraft war notwendig, um die schweren Erz-Züge vom Erzberg (1070 m) über den höher gelegenen Präbichl (1204 m) nach Leoben (540 m) zu transportieren.

Der Besuch der alten Dame in Vordernberg

In Friedrich Dürrenmatts Komödie ‚*Der Besuch der alten Dame*‘ (1956) kommt die Milliardärin Claire Zachanassian mit dem Zug in der schwer verschuldeten (fiktiven) Kleinstadt Güllen an. Ein Empfangskomitee wartet am Bahnhof. Ein durchfahrender Schnellzug wird plötzlich durch eine Vollbremsung gestoppt. Die Milliardärin steigt aus, sie hatte die Notbremse getätigt. Der Regionalzug, der regulär im kleinen Ort hält, war ihr zu langsam.

Im Jahre 2008 wurde das Stück mit Christiane Hörbiger in der Hauptrolle verfilmt. Die Bahnstation Vordernberg musste dabei den vernachlässigten Bahnhof von Güllen geben.

☞ In der Tragikkomödie bietet die alte Dame dem Ort eine Milliarde, falls jemand ihren ehemaligen Geliebten Alfred III tötet, der ihr vor 45 Jahren großes Unrecht angetan hatte, was damals zu ihrer Vertreibung aus Güllen führte.

Der Fresinger Weinbahnhof

Die Sulmtalbahn von Leibniz an der Südbahn nach Pölfling-Brunn war eine normalspurige Lokalbahn, welche 1907 eröffnet und 1967 stillgelegt wurde. Die Station Fresing, in der heutigen Gemeinde Kitzeck im Sausal gelegen, hatte den Beinamen *Weinbahnhof.* Einmal war ein Schaffner so sehr in ein Gespräch mit der Tochter eines Weinbauern vertieft, dass man ihn bei der Abfahrt des Zuges vergaß. So rollte der Zug dann einen halben Kilometer rückwärts in die Station Fresing ein, um den Schaffner wieder einzusammeln.

Eisenerz

Nach einer Sage wurde einst in der Nordsteiermark mithilfe eines Mantels, der mit Pech getränkt war, ein in einer Grotte lebender Wassermann gefangen. Für seine Freilassung bot er `Gold für zehn Jahr, Silber für hundert Jahr oder Eisen für immerdar'. Die Bewohner wählten letzteres, woraufhin der Wassermann ihnen den Erzberg zeigte. Dort wird noch heute Eisenerz abgebaut, der Güterzugverkehr Richtung Leoben wurde jedoch schon 1986 eingestellt, es verbleiben nur noch Erz-Züge nach Norden über Hieflau zu einem Stahlwerk in Linz. Nach einem Lawinenabgang 1988 wurde im Abschnitt Vordernberg-Markt- Eisenerz der Personenverkehr eingestellt, später auch auf der Strecke nach Hieflau. Was auf dieser landschaftlich schönen Strecke, der steilsten Normalspurbahn Österreichs, verbleibt, ist ein Museumsbahnbetrieb, hauptsächlich mit blauen Schienenbussen.

Klagenfurt – das ungeliebte Kunstwerk

Im Zweiten Weltkrieg fiel Klagenfurts schöner Jugendstil-Bahnhof den Bomben zum Opfer. Als in der Nachkriegszeit das Bahnhofsgebäude wiedererrichtet wurde, lobte man für die Gestaltung von Wandfresken in der Bahnhofshalle einen Wettbewerb aus. Unter den Bewerbern war Giselbert Hoke ein junger Künstler, der als 17-jähriger im Zweiten Weltkrieg seinen rechten Arm verloren hatte und dem es nach dem Krieg dennoch gelungen war, ein Studium an der Akademie der Bildenden Künste in Wien aufzunehmen. Hoke gewann seinen ersten Wettbewerb und machte sich in den folgenden Jahren daran, zwei Wände der Bahnhofshalle (beide jeweils 5 x 22 Meter groß) in der Stilsprache von Picasso zu gestalten. 1956 wurden die Fresken fertig gestellt. Doch geliebt waren sie nicht. Eine Wiener Zeitung schrieb damals: *„Riesenkrach um Fresken; Bildersturm in Kärnten; Von der Nordsee bis zur Adria: Ein Schrei der Empörung - Enthüllung der Fresken im Klagenfurter Hauptbahnhof wurde zu einem Monsterskandal - Polizei muss moderne Kunst schützen...".*

Hokes Bild im Klagenfurter Bahnhof

Die Bilder wurden beschmiert, mit Farbe beworfen und die Bürger der Stadt verlangten ihre Zerstörung. Hoke zog sich nach Wien zurück. Doch die Fresken gibt es noch heute. Als der Bahnhof nach einem Umbau 2005 neu eröffnet wurde, waren auch die Fresken renoviert worden und zwar von Hokes Tochter Karmna und deren Ehemann. Die Bahnhofshalle hat seit dem Umbau Rolltreppen, mit denen man auf eine zweite Etage gelangt. Von dort ergibt sich ein guter Blick auf die obere Bildhälfte und damit `die Kläger´. Von untern sieht man wiederum die `Angeklagten´ besser.

Klagenfurt und Robert Musil

In einem 1867 errichteten Haus gegenüber dem Klagenfurter Hauptbahnhof verbrachte der Schriftsteller Robert Musil (1880-1942) die ersten Monate seines Lebens. 1987 erwarb die Stadt Klagenfurt das Haus und am 6. November 1997, zum 111. Geburtstag Musil, wurde es als Musilhaus, als Kärntens *Haus der Literatur* eröffnet, mit einem Musil-Museum im Erdgeschoss.

Velden am Wörthersee

Geht man vom Veldener Bahnhof die Bahnhofstraße entlang in die Stadt hinunter, kommt man am Kaiserbrunnen vorbei, welcher zum 60. Thronjubiläum von Kaiser Franz Joseph I 1908 errichtet wurde. Ich mache das, um das Wasser auszuprobieren, welches vom Wasserwerk Velden-Schiefling kommt. Doch bei meinem Besuch im Februar 2020 war der Brunnen, wohl aus Frostschutzgründen, noch nicht in Betrieb. Dennoch findet sich eine Münze im Brunnenbecken. Ich lege noch eine dazu und ich hoffe auf den Trevi-Brunnen-Effekt, das heißt, dass mich diese Spende nach Velden zurückführen wird.

Pörtschach

Pörtschach am Wörthersee wurde 1864 zu einer Station der von Wien nach Italien führenden Südbahn. Pörtschach entwickelte sich so zum Fremdenverkehrsort, zahlreiche Prominente trafen hier ein. In den Jahren 1877-79 kam der in Wien lebende in Hamburg geborene Komponist Johannes Brahms, der Gefallen an Sommeraufenthalten in Pörtschach gefunden hatte, hier öfter mit dem Zug ein.

Heute steht der Bahnhof wieder in Zusammenhang mit Kultur: im Empfangsgebäude ist eine Kunstgalerie untergebracht. Als ich hier im Winter 2020 auf den Zug warte, kann ich noch schnell eine Ausstellung anschauen. Die Galerie befindet sich in angemessenem Ambiente, denn das Empfangsgebäude des Bahnhofs von Pörtschach am Wörthersee ist aus einem besonderen Material: Pörtschacher Marmor. Genauer gesagt ist es die Sorte Töschlinger Marmor.

Pörtschachs Marmorbahnhof

Villach- die Eisenbahnerstadt

Im Juli 1909 wurde durch Kaiser Franz Joseph I der Tauerntunnel eröffnet. Damit war Villach zu einem Eisenbahnknoten geworden. Durch Villach führte die Südbahn nach Italien. Von hier ging es aber mit dem 1906 eröffneten Karawankentunnel auch nach Slowenien. Mit dem Tauerntunnel kam eine direkte Verbindung nach Salzburg und damit auch Deutschland hinzu. Der Erbauer der Tauernbahn, der Ingenieur Carl Wurmb starb zweieinhalb Jahre vor der Fertigstellung an einer Lungenkrankheit. Der Legende nach soll sich Wurmb aus Angst, dass sich die beiden Vortriebe wegen eines Kalkulationsfehlers nicht treffen würden, erschossen haben. Als der Durchschlag stattfand, war er jedoch bereits ein halbes Jahr tot und die Abweichung betrug auch nur 24 Millimeter.

Aus betriebstechnischen Gründen, teilweise wurde in den Bergen mit Doppeltraktion gefahren, waren in Villach zahlreiche Dampfloks stationiert. Und der Dampflokbetrieb war sehr arbeitsintensiv.

Angeblich beschäftigten Südbahngesellschaft und Staatsbahn vor dem Ersten Weltkrieg bis zu 18 000 Eisenbahner in Villach (mit dieser Zahl zitiert Gernot Rader in seinem Buch Villach Geschichten zumindest Christoph Posch).

Heute sollen es noch 2000 Eisenbahner sein, die Bahn ist also (mit Infineon) der größte Arbeitgeber der Stadt. 160 Lokomotiven sind hier stationiert, mehr als in jedem anderen österreichischen Eisenbahnknoten.

Spittal (Drau)

Der Bahnhof Spittal wurde 1871 mit dem Bau der Südbahn in Betrieb genommen. 1909 wurde der Bahnhof nochmal vergrößert, denn die Tauernbahn wurde eröffnet und ein Besuch Kaiser Franz Josephs war angekündigt. Weil sich in Spittal ein Kriegsgefangenenlager befand, wurde die Bahnstation im Oktober 1944 von den Alliierten bombardiert.

164 Bomben mit einem Gesamtgewicht von 41 000 kg wurden abgeworfen. Einen Monat später folgten nochmal über 1000 Brandbomben. Doch nicht alle Bomben trafen ihr Ziel. Explosionskrater von fehlgeleiteten Bomben sind noch heute im Wald des Stadtteils Fratres zu sehen

Mallnitz-Obervellach

Am 5. Dezember 2001 kommt der deutsche Kolumnist Max Goldt auf der Fahrt von Klagenfurt nach Innsbruck am Bahnhof Mallnitz-Obervellbach vorbei. In seinem Buch ‚*Wenn man einen weißen Anzug trägt*‘, 2003 schreibt er dazu:

Mallnitz-Obervellach. Es gibt auch Stationen namens Ratten-berg-Kramsach, Pill-Vomperbach und Fritzens-Wattens. Österreichische Bahnhöfe heißen so, wie in den siebziger und achtziger Jahren deutsche Frauen mit anspruchsvollen Berufen hießen, Politikerinnen oder Anwältinnen.

Im Jahr 2011 wurden großflächige (Hohe Tauern-) National-parkmotive auf Bahnsteigen und in den Fahrgasträumen angebracht. Diese innovative Gestaltung brachte dem Bahn-hof, der das Südportal der Tauern-Autoschleuse bildet, im Kreativwettbewerb „ÖBB Rail AD“ 2011 immerhin den dritten Platz ein.

Linz und die Pferdeisenbahn

Der Linzer Stadtteil Urfahr kann mit mehreren eisenbahn-geschichtlichen Besonderheiten aufwarten. Von der ältesten ist allerdings heute wenig übrig.

Linz war einst Ausgangspunkt einer Pferdeeisenbahn nach Budweis, die ab 1826 gebaut und 1832 eröffnet wurde. Sie gilt als älteste Eisenbahn des europäischen Kontinents. Bereits 1872 fuhr jedoch die letzte Pferdebahn von Linz Urfahr ab, die Dampflok-Konkurrenz war zu stark geworden.

Als die Pferdeeisenbahn eingeführt wurde, waren die Leute, die vorher nur den Postwagen kannten, erst skeptisch. Im Mühlviertel in Oberösterreich ergab sich dabei noch 1849 folgende Anekdote. Ein junger Hilfslehrer schrieb einen Brief an seine Braut mit folgender Zeile " *... und ich werde mit der Eisenbahn so schnell als möglich zu dir kommen ...* ". Statt einer freundlichen Antwort erhielt er jedoch folgenden Brief: "*Werter Herr! Ihr Besuch wird von nun an überflüssig, denn ein Mann, der sich nutzlos in Gefahr begibt, ist es nicht wert, mein Ehegemahl zu werden.*"

☞ Erbauer der Südrampe der Pferdebahn war der Eisenbahnpionier Mathias von Schöneberg (1807-1881). Für die Wien-Raaber Eisenbahn bestellte er einst in Philadelphia eine Lokomotive. Per Schiff wurde diese 1839 nach Triest gebracht und von dort per Ochsenkarren nach Wien.

Linz Urfahr (Mühlkreisbahnhof)

Eine weitere eisenbahntechnische Besonderheit in Urfahr: die den Bahnhof Linz Urfahr (im Volksmund auch Mühlkreis-bahnhof genannt) bedienende Mühlkreisbahn nach Aigen-Schlägl, eine ÖBB-Bahnstrecke, die bis 1900 als Inselbetrieb nicht mit dem übrigen Bahnnetz verbunden war und noch heute auf ÖBB-Streckennetzkarten als Insellinie eingezeichnet ist.

Linz' Pöstlingbergbahn

Und schließlich bietet Urfahr noch eine Bahnbesonderheit: es gibt dort einen im Fachwerkstil angelegten Talbahnhof, der Ausgangspunkt der Pöstlingbergbahn ist. Die 1898 eröffnete 2.9 km lange Pöstlingbergbahn überwindet einen Höhenunterschied von 255 m und gilt mit einer maximalen Steigung von 11.6 % als steilste Adhäsionsbahn (Reibungsbahn) der Welt. Normalerweise gelten 8% als Limit, bei steileren Steigungen sind Zahnräder (bis 50 %) oder Stahlseile wie bei Standseilbahnen (bis 100 %) nötig. Schmalspurbahnen (die Bergbahn hat ursprünglich eine Spurweite von 1000 mm und wurde 2008/2009 auf die bei der Linzer Strassenbahn üblichen 900 mm umgespurt) mit engen Kurvenradien können jedoch stärkere Steigungen als 8 % überwinden. An der Bergstation gibt es eine weitere Besonderheit: die Grottenbahn. Diese für Kinder konzipierte Märchenbahn gefiel dem Sänger Michael Jackson bei seinem Besuch im Jahre 1988 so gut, dass er sie angeblich gleich kaufen wollte.

Linz Hauptbahnhof und die Bahnhofslöwen

Linz hat einen der wichtigsten Bahnhöfe Österreichs. Der alte Kaiserin Elisabeth-Bahnhof war entsprechend repräsentativ in romantischem Stil angelegt mit Mitteltürmen im Burgenstil und Rundbogenfenstern. 1936 wurde er durch einen wesentlich nüchterneren Bau im Stil der damaligen Zeit ersetzt. Nach Kriegszerstörungen wurde der Vorkriegsbau wiederhergestellt. Im Jahr 2004 wurde er vollständig umgebaut und seither wurde er bereits mehrfach vom Verkehrsclub Österreich zum beliebtesten und schönsten Bahnhof Österreichs gekürt. Zur Eröffnung wurden auch die beiden während des Umbaus ausgelagerten Bahnhofslöwen wieder auf ihre Sockel gestellt. Der Löwe ist eigentlich Symbol Salzburgs und die Löwen waren vor dem Krieg vom Halleiner Bildhauer Jakob Adelhart für die Salzburger Staatsbrücke angefertigt worden (es sollten eigentlich vier werden). Der Krieg kam dazwischen und im Jahre 1949 wurden sie schließlich von der Stadt Linz gekauft, mit Wappenschildern von Linz und Oberösterreich versehen und vor dem Linzer Hauptbahnhof aufgestellt. Seither sind sie zu einem beliebten Treffpunkt am Bahnhof geworden und die Wiederaufstellung im Jahr 2004 wurde entsprechend gefeiert. Weil sie in der NS-Zeit entstanden sind, gab es aber auch kritische Stimmen („Reichsgroßkatzen').

Der alte Bahnhof von Linz

Attnang-Puchheim und der Gemeindename

1877 sollte die Salzkammergutbahn die 1860 eröffnete Kaiserin-Elisabeth-Bahn (die heutige Westbahn Wien-Salzburg), ergänzen. Doch die Ortschaften Puchheim und Attnang waren gegen den Bau eines Bahnhofs. Als salomonische Lösung errichtete man den Bahnhof genau zwischen den beiden Orten und nannte ihn ab 1892 Attnang-Puchheim. 20 Jahre später gab sich auch der Ort, der Bahn folgend und auf Gemeinderatsbeschluss, den Namen Attnang-Puchheim.

Attnang-Puchheim und das Sterben

In Josef Haders tragikomischem Roadmovie ‚Indien' (1993) fällt der Satz ‚*Sterben – das ist wie Umsteigen in Attnang-Puchheim*'. Gestorben wurde hier jedoch schon im Zweiten Weltkrieg. Im April 1945 wurden die Bahnanlagen von Attnang-Puchheim bei einem Angriff durch US-Bomber zerstört. Mehrere hunderte Menschen kamen im Bahnhof und im angrenzenden Viertel ums Leben. Der funktionale Nachkriegsneubau des Empfangsgebäudes wurde mit der Zeit als immer unattraktiver wahrgenommen. Attnang-Puchheims Bahnhof galt Ende des letzten Jahrtausends als einer der hässlichsten Österreichs. 2011 wurde das Bahnhofsgebäude schließlich abgerissen.

☞ In Heimito von Doderers Roman ‚Strudlhofsteige' schreitet ein einsamer Leutnant Melzer ‚über den Perron zu Attnang Puchheim' einen nicht ausgesprochenen Heiratsantrag bedauernd.

Gmundens Straßenbahn

Die Stadt Gmunden am Traunsee hat nur 13 000 Einwohner. Wenn man im kleinen Gmundener Hauptbahnhof ankommt, ist man überrascht, auf dem Bahnhofsplatz eine Straßenbahn vorzufinden. Das 1000 mm Streckennetz der Gmundener Straßenbahn war lange nur 2.3 km lang und verband den Bahnhof mit dem Stadtzentrum. Statt einer Stilllegung verfolgte man jedoch Ausbaupläne. Die Straßenbahn wurde bis 2017 mit der ebenfalls meterspurigen am Gmunder See-bahnhof endenden Traunseebahn (Streckenlänge 14.9 km) verbunden. Dazu wurde der Seebahnhof abgerissen und es entstand eine Verbindung vom Umlandort Vorchdorf (Endhaltepunkt der Traunseebahn) durchs Stadtzentrum zum ÖBB-Bahnhof.

Salzburg Hbf und die Explosion

Wie in Graz und Innsbruck kam Salzburgs Innenstadt relativ glimpflich durch den Zweiten Weltkrieg, während auf den Hauptbahnhof etliche Bomben prasselten. Nicht alle Fliegerbomben detonierten und beim Umbau des Salzburger Hauptbahnhofs fand man im Juli 2003 in einer Baugrube einen 250-Kilogramm Sprengsatz. Entschärfungsexperten machten sich bald ans Werk. Doch die Bombe explodierte, tötete zwei Minenräumer und beschädigte das Hauptgebäude sowie etliche Fahrzeuge einer Spedition am Bahnhof. Splitter flogen 500 Meter durch die Luft. Im Juni 2009 gab es wieder einen Fliegerbomben-Verdacht. Erste Evakuierungsmaßnahmen wurden eingeleitet. Doch statt der vermeintlichen Bombe fand man harmlose Eisenteile.

Salzburg Hbf (im November 2011 noch Baustelle)

Salzburg und der Lokalbahnhof

Die Salzburger Lokalbahn verbindet die Stadt mit den Vororten Lamprechtshausen und Trimmelkam (letzterer Ast wurde mittlerweile um 2,7 km nach Ostermiething nahe der bayerischen Grenze verlängert). Lange Zeit endeten deren Züge auf dem Bahnhofsvorplatz. Doch dann gab es Pläne, die Bahn unterirdisch durch die Innenstadt zu verlängern und so ein kleines S-Bahnnetz zu schaffen. Als erste Maßnahme wurde 1996 die Haltestelle Hauptbahnhof unter die Erde gelegt. Doch aufgrund der geologisch schwierigen Verhältnisse kam der Bau der Innenstadtlinie nicht voran. So bringt der Tiefbahnhof bis heute keinen Nutzen, denn an der Oberfläche waren die Zugangswege kürzer.

Ischler Lokalbahnhof in Salzburg

In Salzburg wurde 1909 der Ischler Lokalbahnhof eröffnet, Endstation der von 1893-1957 bestehenden 760 mm Salzkammergutlokalbahn. Deren Abkürzung SKGLB wurde von der Bevölkerung ,*Sie kommt gar langsam und bedächtig*' interpretiert. Mit der Schließung der Bahnlinie 1957 verlor der Ischler Lokalbahnhof seine Funktion und wurde 1974 abgetragen.

Hallein und die Betonung

Im April 2010, schreibt das Halleiner Tagblatt, wurde auf den Bahnsteigen der ÖBB die Stimme der österreichischen Schauspielerin und Moderatorin Chris Lohner (*1943) durch die elektronische Stimme ,Petra' ersetzt. Laut einem Artikel im *Bezirksblatt Tennengau* fiel Michael Neureiter, Gemeinderat des Nachbarortes Bad Vigaun, sofort auf, dass die Computerstimme bei der Ansage „Nächster Halt Hallein, next stop Hallein" den Namen Hallein statt wie es sich gehört auf der ersten Silbe auf der letzten Silbe betonte. Für alteingesessene Halleiner ist dies ein Unding. Chris Lohners Stimme hatte Hallein dagegen stets richtig betont.

Gemeinderat Neureiter bat deshalb die Betriebszentrale am Salzburger Hauptbahnhof um unverzügliche Korrektur der Ansagen. Seiner Bitte wurde von ÖBB-Seite überraschenderweise prompt entsprochen. Innerhalb eines Tages wurde der Computerstimme Petra die richtige Aussprache beigebracht.

Seekirchen und die Bahnhofswirtschaft

Seekirchen am Wallersee ist ein Bahnhof an der Westbahn, der von Regionalexpresszügen und der S-Bahn Salzburg bedient wird. 1935 wohnte der 1931 im holländischen Heerlen geborene österreichische Schriftsteller Thomas Bernhard mit seinen Großeltern in einem Zimmer der Seekirchener Bahnhofswirtschaft. Doch statt Seekirchen spielt mit Schwarzach im Pongau ein anderer Bahnhof in Bernhards Frühwerk eine wichtige Rolle.

Schwarzach im Pongau

Schwarzach im Pongau und sein Bahnhof sind wichtige Schauplätze österreichischer Literatur des 20. Jahrhunderts. Der Bahnhof spielt zum Beispiel eine Rolle in Thomas Bernhards erstem veröffentlichtem Roman ‚Frost' (1963, ursprünglich geplanter Titel ‚Schwarzach St. Veit') und in O.P. Ziers Roman ‚Schonzeit' (1996).

Herbert Feuerstein und Zell am See

Am 15. Juni 1937 wurde im Bahnhofsgebäude von Zell am See der deutsch-österreichische Kabarettist Herbert Feuerstein geboren. Feuerstein macht im Internet dazu folgende biographische Angaben:

„..geboren ...in der Dienstwohnung seines Vaters, Fahrdienstleiter der eingleisigen Schmalspurbahn zu den Krimmler Wasserfällen. Genauso verlief auch sein weiteres Leben: Eingleisig, schmalspurig und mit Getöse nach unten.

<u>1.8 Tirol</u>

Innsbrucks ‚Roter Platz'

Der historische Innsbrucker Hauptbahnhof wurde im Zweiten Weltkrieg durch Bomben zerstört. In den 1950er Jahren entstand ein schlichter Neubau. Der Tiroler Maler Max Weiler (1910-2001) erhielt den Auftrag für zwei Wandgemälde in der Abfahrtshalle. Die auf ihnen zu sehende abstrahierende Darstellung der Innsbrucker Geschichte galt damals als Skandal. Beim Bahnhofsneubau 2001-2004 wurden die Fresken samt Mauerwerk abgenommen und in der neuen modernen Bahnhofshalle wieder ausgestellt. Der Bahnhofsplatz (Südtiroler Platz) bekam einen roten Belag und wird seither in Innsbruck ‚Roter Platz' genannt.

Wörgls Hauptbahnhof

Die Stadt Wörgl in Tirol hat nur 12 000 Einwohner. Dennoch schmückt sie sich seit Dezember 2006 mit einem 'Hauptbahnhof'. Denn Wörgls Bahnhof ist der zweitbelebteste ganz Westösterreichs: hier steigen täglich 8000 Reisende ein oder aus und täglich halten 150 Reisezüge.

☞: Während die Schweiz nur einen einzigen Hauptbahnhof hat (Zürich HB) geht Österreich großzügiger mit diesem Begriff um. Mit Wels hat eine weitere Mittelstadt einen Hauptbahnhof. Einen brandneuen Hauptbahnhof gibt es zudem seit 2015 in Wien.

Jenbach und die drei Spurweiten

Jenbach ist einer der wenigen Bahnhöfe (die anderen sind Montreux in der Schweiz, Hendaye im Baskenland und Latour de Carol in Südfrankreich an der Grenze zu Spanien), in welchem drei Spurweiten zusammenkommen. In Jenbach sind es die Normalspur der ÖBB (1435 mm), die Zillertalbahn mit 760 mm Schmalspur und die meterspurige Achenseebahn. Allerdings verläuft die Normalspur-Unterinntalbahn bei

Jenbach weitgehend unterirdisch. Von der ÖBB wird die zwischen Radfeld und Fritzens weitgehend unterirdisch verlaufende Bahnlinie mittlerweile spöttisch als *teuerste Lärmschutzwand Europas* bezeichnet.

Von St. Anton zu St. Beton

Anlässlich der Ski-WM des Jahres 2001 wurde der Bahnhof von St. Anton von der Sonnenseite des Ortes an den Bergbahnen, wo er jedoch den Skibetrieb störte, an die Südseite des Tals verlegt. Das alte denkmalsgeschützte Empfangsgebäude ließ man stehen. Zum Umbaukonzept gehörte eine Verlängerung des Arlbergtunnels um 400 m. Das Ostportal des Tunnels musste verlegt werden und als Erinnerung wurden Teile des alten Ostportals vor dem Bahnhof aufgestellt. Der neue Bahnhof mit seiner glatten Fassade wirkt minimalistisch-kühl. Nicht jedem behagte dieser Stil, was sich auch im Bahnhofs-Spitznamen ‚*St. Beton*' ausdrückt.

Bahnhof St. Anton

Ulrichsbrücke-Füssen

Die Außerfernbahn von Garmisch-Partenkirchen nach Kempten verläuft auf etwa 30 km durch Österreich (ohne mit dem übrigen österreichischen Bahnnetz verbunden zu sein). Zwischen Vils und Musau kommt sie Füssen so nahe, dass die Station Ulrichsbrücke-Füssen genannt wurde. Es gab immer wieder Überlegungen den Anschluss an den nur 4 km entfernten Bahnhof von Füssen zu bauen. Doch realisiert wurde diese Bahnverbindung nie.

Das Denkmal für Julius Lott

Am Ostportal des Arlbergtunnels in St. Anton steht ein Denkmal für Julius Lott (1836-1883), den Erbauer der Arlbergbahn. Lott konnte die Fertigstellung der Arlbergbahn nicht mehr erleben und sein früher Tod hat zur Legendenbildung beigetragen. Manche vermuteten, Lott hätte den Freitod gewählt, weil er befürchtete, dass die von Osten und Westen durch den Arlberg vorangetriebenen Richtstollen einander verfehlen würden. Auch eine kurz vor Tunneldurchstich aufgeflammte Liebesaffäre in St Anton wurde ihm angedichtet und als Grund für einen Selbstmord gesehen. Doch in Wirklichkeit stimmten Lotts Berechnungen und Todesursache war auch nicht Selbstmord, sondern eine Miliartuberkulose.

Landeck-Zams großer Bahnhofsvorplatz

Weil die Arlberg-Rampenstrecke nur eingleisig ist kann es in Ausnahmefällen (Unfällen, Lawinen, Streckenreparatur) zu einer Streckensperrung kommen. Dann wird zwischen Bludenz und Landeck Schienenersatzverkehr mit Bussen eingerichtet. Den Bahnhofsplatz von Landeck hat man deshalb so ausgelegt, dass er im Bedarfsfall genug Bussen Platz bietet.

Die Igler Bahn und der Teutoburger Wald

Die 1900 eröffnete 8.4 km lange Innsbrucker Mittel-gebirgsbahn (eine 1000 mm Schmalspurbahn) auch als *Igler Bahn* bekannt, hatte anfangs eine Station *Teutoburger Wald*. Dieser liegt bekanntlich in Westfalen. 1901 wurde sie jedoch in Tantegert umbenannt.

Lienz

Bezogen auf die oberösterreichische Landeshauptstadt gibt es den Spruch `In Linz beginnt´s (wegen der Stahlindustrie sagen manche auch, `in Linz stinkt´s). In Osttirol wird der Spruch gelegentlich ergänzt zu: *`In Linz beginnt´s, aber in Lienz wird´s vollendet´*. Vollendet soll bis 2022 auch der barrierefreie Ausbau des Lienzer Bahnhofs zu einem `Mobilitätszentrum´, ein 29- Millionen-Euro-Projekt mit großzügiger Fahrrad- und Fußgängerunterführung. Das örtliche Faschingskabarett meinte dazu in einer Sitzung im Februar 2020 ironisch *`der Bahnhof in Lienz wird deswegen so großzügig ausgebaut, weil dann die Stadtner besser in die umliegenden Dörfer kommen und sich dort andere Kulturen anschauen können.´*

Huben- Bahnhof ohne Eisenbahn

In Osttirol gibt es nur eine Eisenbahnlinie, welche von Kärnten über Lienz nach Südtirol führt. Ende des 19. Jahrhunderts gab es jedoch die Hoffnung, dass die Tauernbahn durch das Iseltal geführt würde. Als das immer unwahrscheinlicher wurde, hoffte man zumindest auf eine Bahnverbindung von Lienz über Huben nach Matrei. Der Hubener Wirt Sebastian Taferner zweifelte nicht an deren Verwirklichung. So ließ er im Vorgriff darauf gegenüber seinem Gasthof mitten im Dorf ein langgestrecktes Bahnhofsgebäude errichten. Doch die Eisenbahn kam nie nach Huben und bald begann der Zahn der Zeit am Gebäude zu nagen. Heute beherbergt das Gemäuer eine Bäckerei.

Bregenz - der neue Bahnhof

Da der alte Bahnhof keine Parkplätze hatte und zwischen Bodensee, Gleisen und Straßen nicht erweitert werden konnte, wurde der Bregenzer Bahnhof 1989 an den Innenstadtrand verlegt, mit allerdings direktem Zugang zur Bregenzer Oper. Doch der Neubau ist bereits in die Jahre gekommen, es regnet durchs Dach. So gibt es bereits Pläne für einen Abriss und eine Neubebauung des seenahen und deshalb wertvollen Geländes. Noch werden weite Teile des Bahnareals als Parkplatz genutzt. Planer sprechen vom *teuersten Parkplatz Österreichs*. Im Juni 2019 meinte die Bregenzer Vizebürgermeisterin Schoch: `*Wir haben den hässlichsten und am wenigsten funktionalen Bahnhof aller Landeshauptstädte'*. 77 Millionen Euro sollen nun investiert werden, um einen attraktiveren Bahnhof zu bauen.

Bahnhof Bregenz

Dornbirn und der Weinhändler

Der Dornbirner Bahnhof wurde 1872 fertig gestellt und im August 1881 wurde hier mit viel Pomp der österreichische Kaiser Franz Josef empfangen.

Gegenüber vom Bahnhof ließ Weiss, ein Weinhändler aus Bozen, für seine neunköpfige Familie ein Wohnhaus errichten. 1887 eröffnete er dort eine Weinstube, später ein Hotel. Wenn ein Reisender mit seinem Wein noch nicht fertig war, konnte er sich ruhig Zeit lassen. Weiss hatte sehr gute Beziehungen zum Bahnhof und meldete dann dort, der Zug möge noch etwas warten, es komme noch ein Fahrgast.

Dornbirn und die EBDL

Von Dornbirn aus verkehrte einst die EBDL, die Elektrische Bahn Dornbirn Lustenau, eine meterspurige Überlandstraßenbahn. Besonders populär war die Bahn nie, der Volksmund interpretierte die Abkürzung als `Elende Beförderung Dummer Leute´. 1938 wurde die Bahn eingestellt, die Wagen nach Klagenfurt verkauft.

Dornbirn und das Kunstwerk

2007 wurde der Bahnhof von Dornbirn rechtzeitig zur Turnveranstaltung ‚Weltgymnaestrada' modernisiert. Für die Bahnhofsunterführung hatte man Kunst am Bau ausgeschrieben. Über den Projektvorschlag von Christoph und Markus Getzner urteilte die Jury: ‚*Es ist eine seltsam anmutende, sehr eigenständige Arbeit. Sie wirkt barock: manieriert; zum Teil mit abstrusem Witz versetzt.'*. Doch so urteilte man nicht etwa über einen Entwurf, der abgelehnt wurde, diese Beschreibung galt dem Siegerprojekt der Gebrüder Getzner, welches auch in solcher Form verwirklicht wurde.

Dalaas und die Lawine

Der Winter 1953/54 zeichnete sich in den Alpen durch sehr spätes Einschneien aus. In vielen Alpenorten fiel erst Ende Dezember Schnee. Anfang Januar 1954 gab es jedoch innerhalb weniger Tage (vom 9.1 bis 11.1) in manchen Orten über 100 cm Schnee. Große, sehr lockere Neuschneemengen auf einer geringen Altschneeschicht führten bald zu verheerenden Lawinenabgängen. Kurz vor Mitternacht des 12. Januars 1954 ging in Vorarlberg die Muttentobellawine ab und zerstörte den Bahnhof Dalaas. Die dort abgestellte 120 Tonnen schwere Lokomotive mit 5 Personenwagen wurde aus dem Gleis gerissen und umgestoßen. Insgesamt starben im Bahnhof 10 Personen. Heute erinnert eine Gedenktafel im Bahnhof an die Lawinenkatastrophe.

Langen am Arlberg

Obwohl der am Westausgang des Arlbergtunnels gelegene Ort Langen am Arlberg an einem Hang liegt, weist der Bahnhof großzügige Gleisanlagen mit Ausweichgleisen auf. Das Bahnhofsgelände wurde auf dem Schüttbereich von Aushubmaterial aus dem Arlbergtunnel errichtet. Dieser wurde zwischen 1879 und 1884 erbaut und ist über 10 km lang. Die Bautrupps, die von Westen vorstießen, lagerten das Aushubmaterial am Hang von Langen an.

Feldkirch und das James Joyce-Zitat

Im Jahre 2001 wurde in der Bahnhofshalle von Feldkirch folgendes James Joyce-Zitat montiert: „Dort drüben auf den Schienen wurde 1915 das Schicksal von Ulysses entschieden (James Joyce 1932 am Bahnhof von Feldkirch)". Das Zitatband ersetzte eine 1994 am Bloomsday (16. Juni) vom Kulturkreis Feldkirch angebrachte Gedenktafel. Im Jahre 1915 konnte Joyce (1882-1941), der weltkriegsbedingt als ‚feindlicher Ausländer' eingestuft wurde, über Feldkirch in die neutrale Schweiz ausreisen. Bei einer Grenzkontrolle in Feldkirch wurde Joyce jedoch beinahe verhaftet, weshalb sich hier aus seiner Sicht das Schicksal seines zwischen 1914 und 1921 entstandenen Romans *Ulysses* entschieden hatte.

☞ Im Jahr 1919 kam es zu einem weiteren besonderen Ereignis im Bahnhof von Feldkirch. Der österreichische Schriftsteller Stefan Zweig schreibt in seinen Memoiren, dass er damals Augenzeuge gewesen sei (was jedoch von Historikern bezweifelt wird), wie Karl I. (Österreichs Kaiser 1916-18) ins Schweizer Exil abgeschoben wurde.

Feldkirch und das Carl Zuckmayer-Zitat

Der deutsche Schriftsteller Carl Zuckmayer, der seinen Lebensmittelpunkt nach Österreich verlegt hatte, weil ihm die Nationalsozialisten das Arbeiten erschwerten, versuchte nach dem Anschluss Österreichs im März 1938 aus dem Land zu fliehen. Buchstäblich in letzter Minute gelang ihm über Feldkirch die Ausreise in die Schweiz. An einer Mauer am Bahnhof Feldkirch ist darüber Folgendes zu lesen:

Als der Zug langsam in Feldkirch einfuhr und man die großen Kegel der Scheinwerfer sah, da hatte ich wenig Hoffnung. Der Tag dämmerte bereits, mein Puls klopfte mit dem Ticken der Uhr. Wenn man nur schon raus wäre. Jede Sekunde kann irgendeine neue Wendung bringen. Jede Ablösung eines Grenzbeamten eine neue Verdächtigung, die ganze Komödie war umsonst.

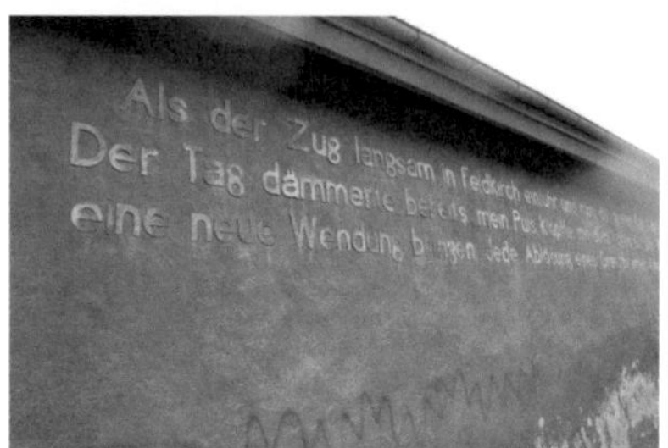

Zuckmayer-Zitat am Bahnhof Feldkirch

2. Liechtenstein

Hilti-Forst und die Global Players

Das Fürstentum Liechtenstein hat nur 35 000 Einwohner und keine eigene Bahngesellschaft, dennoch finden sich in diesem Kleinstaat auf der internationalen, Liechtenstein durchquerenden Bahnlinie, 4 Bahnhöfe, die jedoch von den Österreichischen Bundesbahnen bedient werden. 3 dieser Bahnhöfe bzw. Haltepunkte liegen in der Gemeinde Schaan (5800 Einwohner). Schaan ist die Wirtschaftsmetropole Liechtensteins und Hauptsitz gleich dreier internationaler Firmen: Die Hilti AG (Baumaschinen), Hilcona (Tiefkühlkost) und Ivoclar (Dentalprodukte). Die Hilti AG und Hilcona wurden von Liechtensteinern namens Hilti gegründet. Der erste Bahnhofsvorsteher von Schaan-Vaduz hieß übrigens ebenfalls Hilti. So wundert es auch nicht, dass es in Schaan eine Bahnstation Forst-Hilti gibt. Allerdings hält sich der Verkehr in Grenzen, denn die vier Bahnhaltepunkte in Liechtenstein weisen zusammen nur 400-500 Ein- und Aussteiger pro Tag auf. Die ÖBB-Züge fahren nur selten, der öffentliche Verkehr im Fürstentum wird hauptsächlich mit Bussen abgewickelt. Seit vielen Jahren wird aber über ein S-Bahn-Projekt diskutiert, um vor allem den zahlreichen Grenzgängern aus Vorarlberg und aus dem Kanton St. Gallen eine Alternative zu den oftmals überlasteten Straßen bieten zu können.

Bahnhof Schaan-Vaduz

3. Südtirol (Italien)

Das Denkmal am Brenner

Das größte Werk des schwäbischen Eisenbahningenieurs Karl Etzel war die von 1864-1867 errichtete Brennerbahn. Doch Etzel sollte ihre Fertigstellung nicht erleben. Im November 1864 hatte er einen ersten Schlaganfall. Deshalb bat er um seine Entlassung und plante, sich in Stuttgart-Bad Cannstatt in der von ihm entworfenen Villa Etzel zur Ruhe zu setzen. Doch als er im Mai 1865 im Zug von Wien nach Stuttgart saß, hatte er einen zweiten Schlaganfall und musste die Reise im Bahnhof Kemmelbach unterbrechen, wo er kurze Zeit später starb. Etzels Grabmal auf dem Stuttgarter Pragfriedhof wurde aus verschiedenen Gesteinen vom Brenner errichtet. 1892, zum 25. Jubiläum der Brennerbahn, wurde Etzel am Bahnhof Brenner ein Denkmal gesetzt. Dort geht es am Bahnsteig beengt zu, aber unter einem Bogen des Bahnsteigdaches fand man noch Platz für die Büste. Nach dem Ersten Weltkrieg kam Südtirol und damit der Bahnhof Brenner zu Italien. Die Italiener ließen es sich nicht nehmen, der deutschen Inschrift am Etzel-Denkmal eine italienischsprachige Version hinzuzufügen.

Der Brenner-Bahnsteig und das niedrige Niveau

Angeblich sind die Züge und Bahnhöfe der Österreichischen Bundesbahn (ÖBB) in besserem Zustand als die der Italienischen Eisenbahn. Eine Sammlung von Reiseanekdoten auf SPIEGEL ONLINE erkennt sogar in der Durchsage der ÖBB in Zügen, die von Innsbruck auf dem italienischen Brennerbahnhof ankommen, einen zweideutigen Hinweis auf Qualitätsunterschiede: ‚Wir erreichen in Kürze den Bahnhof Brenner. Bitte beachten Sie beim Aussteigen den Niveau-Unterschied zwischen Zug und Bahnsteig‘.

☞: Aldo Moro, italienischer Ministerpräsident von 1963-1968 und von 1974-1976, sagte einst:

‚Es gibt zwei Arten von Verrückten. Die einen glauben, sie wären Napoleon. Die anderen meinen, sie könnten die Eisenbahn sanieren.'

Meran und die Aristokratie

Der Bahnhof von Meran weist ein relativ repräsentatives und großzügiges Aufnahmegebäude (Empfangsgebäude) auf. Grund ist die ehemalige Bedeutung des Kurortes. Denn der europäische Hochadel gab sich hier vor dem Ersten Weltkrieg (als Meran noch zum Habsburgerreich gehörte), ein Stelldichein. Weil auch der Zar zur Kur kam, gab es sogar Kurswagen von St. Petersburg direkt nach Meran. In der Nachkriegszeit (1950er Jahre) rollten immerhin noch Kurswagen aus Städten wie Frankfurt und München ein.

Bozens Bahnhof

Bozens Bahnhof, einst vom österreichischen Ingenieur und Suezkanalerbauer Alois Negrelli (1799-1858) entworfen, wirkt zur Stadtseite eher hässlich. Grund dafür sind Umbauten zur Zeit Mussolinis, die monumentale Stilelemente des italienischen Faschismus in Bozen und im Bahnhofsbereich eingeführt haben. Heute ist Bozens Bahnhof mit etwa 15 000 Fahrgästen pro Tag die wichtigste Bahnstation Südtirols.

Bahnhof Bozen (Bild : Wikipedia)

4. Bahnhöfe der Schweiz

<u>4.1 Kanton Zürich</u>

Lenin und die Bahnsteigkarte

Lenin meinte einst, wenn die Deutschen bei einer Revolution den Bahnhof stürmten, würden sie erst eine Bahnsteigkarte kaufen. Doch im April 1917 saß nun Wladimir Iljitsch Lenin selbst in einem Zug im Züricher Hauptbahnhof mit einer Fahrkarte, die ihm die nämlichen Deutschen gekauft hatten, mit keinem anderen Zweck, als in Russland eine Revolution anzuzetteln. Diese sollte die Ostfront schwächen, denn man befand sich noch im Krieg. Die deutsche Heeresleitung verhalf ihm in einem plombierten Eisenbahnwaggon zu einer Fahrt durch Deutschland (von Singen nach Rügen) und, über Schweden und Finnland, einer Rückkehr nach Russland. Der Zug fuhr mit einer unschweizerischen Verspätung von 3 Minuten von Zürich ab, doch auch das konnte den Lauf der Weltgeschichte nicht mehr aufhalten. Der Bibliothekar der Züricher Stadtbücherei bemerkte an diesem Morgen, dass Lenin nicht an seinem Stammplatz saß. Der Platz sollte für immer leer bleiben.

Zürich HB - der Wachstumsbahnhof

Der Zürcher Hauptbahnhof (übrigens der einzige ‚Hauptbahnhof' der Schweiz) erscheint auf den ersten Blick ein bisschen groß für eine relativ kleine Metropole wie Zürich. Doch wie ein Flughafen wächst er ständig weiter und zieht immer größere Fahrgastströme an. Bereits im Jahre 1902 wurden die Gleise aus der Bahnhofshalle zurückgenommen, damit sie weiter hinten durch vier Gleise ergänzt werden konnten. Im Jahre 1990 kamen mit der Eröffnung des Zürcher Verkehrsverbundes 4 unterirdische S-Bahngleise auf der Seite des Landesmuseums hinzu. Die andere Bahnhofsseite erhielt zwei unterirdische Gleise der SZU-Bahnlinie. Doch das reichte immer noch nicht. Nach der Jahrtausendwende wurde der Bahnhof an der Südseite um die 4 Gleise des provisorischen Sihlpost-Bahnhofs ergänzt. Mittlerweile wurde der Bau weiterer 4 unterirdischer S-Bahngleise (Bahnhofsteil Löwenstraße) beschlossen, die im Jahre 2014 in Betrieb genommen wurden und seither die 4 Sihlpost-Gleise ersetzen. 2019 nutzten pro Tag 460 000 Reisende und Besucher den Bahnhof, mehr als die Stadt Einwohner hat und mehr als den Berliner Hauptbahnhof im zehnmal so großen Berlin nutzen. Mit dem weiteren Ausbau des Schweizer Bahnnetzes, das mit dem Konzept Bahn 2000 das ganze Land im ÖV verknüpft, dem durch Zuwanderung anhaltenden Bevölkerungswachstum und den durch hohe Mietpreise in den Kernstädten immer weiträumigeren Pendlerverflechtungen dürfte der Bahnhof auch in Zukunft weiter wachsen. Planer prognostizierten 500 000 Bahnhofsnutzer im Jahr 2020.

Zürich HB mit Escher-Denkmal

Der Schriftsteller im Bahnhofbuffet

Der Schweizer Schriftsteller Arnold Kübler (1890-1893) war Stammgast im ehemaligen Bahnhofbuffet 3. Klasse (heute Brasserie ‚Féderal‘) des Züricher Hauptbahnhofes. Täglich traf er hier frühmorgens ein, um am Roman ‚*Öppi von Wasenwach*‘ zu schreiben. Bald kannten die Eisenbahner den Stammgast und wenn er gerade mit dem Schreiben nicht weiterkam, ermunterten sie ihn mit Sprüchen wie ‚*Wo chläbets*‘ (Wo hängt es?) oder eisenbahnerischer, ‚*Wagelang vor*‘ (Alle Kraft voraus‘).

Die Journalistin im letzten Zug

Die Schweiz war nicht gerade ein Vorreiter, was Frauenrechte betrifft. Auf Bundesebene wurde das Frauenwahlrecht erst im Jahr 1971 eingeführt. Im Kanton Appenzell Innerrhoden bekamen die Frauen sogar erst im November 1990 kantonales Stimmrecht.

Fehlende Gleichstellung zeigte sich auch in folgender Szene. Anfang der 1950er Jahre kam die Basler Journalistin Iris von Roten (1917-1990) mit dem letzten Zug von Basel in Zürich an, um bei einer Freundin zu übernachten. Doch weil sie spätabends allein reiste und einen Pelzmantel trug, war sie der Polizei bereits verdächtig. Als sie sich auch nicht ausweisen wollte, landete sie auf dem Polizeiposten.

1958 wurde Iris von Roten berühmt- durch das Buch *Frauen im Laufgitter*, welches die Lage der Frau in der Schweiz analysiert und die Gleichstellung fordert. Trotzdem lehnten die Schweizer in einer Volksabstimmung im Februar 1959 (an welcher nur Männer teilnehmen durften) das Frauenstimmrecht noch ab.

Allerdings thronen Frauenfiguren über dem Triumphportal des Züricher HB, so Helvetia als Förderin des Verkehrswesens eingerahmt von Figuren, die Telegrafie und Schriftverkehr symbolisieren.

Die Brombeerstaude

Am 21. Juli 2010 ging plötzlich nichts mehr im Zürcher Hauptbahnhof. Der Bahnhof war für 2 Stunden ohne Strom. Ein Brombeerstaude war durch den Lüftungsschlitz einer Trafostation einer Bahnbaustelle gewachsen, hatte eine Stromschiene berührt und einen Kurzschluss ausgelöst.

☞: Der Zürcher Hauptbahnhof findet sich übrigens im Bergbahnverzeichnis der Schweiz. Im Tiefbahnhof Löwenstraße findet sich ein Schräglift, der als Standseilbahn eingestuft ist.

Die Zürcher Bahnhofstrasse

Die 1,4 km lange Zürcher Bahnhofstrasse, die den Hauptbahnhof mit dem See verbindet, ist die teuerste Einkaufsstraße der Schweiz. Hier betragen die Spitzenmieten fast 7000 Franken pro Quadratmeter und Jahr. Alle anderen Bahnhofsstraßen der Schweiz sind billiger. Und davon gibt es viele. Im Jahr 2003 trug der Schweizer Informatiker René Nyffenegger die häufigsten Straßennamen der Schweiz zusammen. An erster Stelle stand die Bahnhofstrasse (die Schweizer benutzen übrigens kein *ß*, stattdessen wird *ss* geschrieben), die es damals in 1368 Schweizer Ortschaften gab. Auf den Rängen zwei und drei landeten die Hauptstrasse (1269) und die Dorfstrasse (1193).

☞ James Joyce (*1882, Dublin - 1941, Zürich) meinte einst: *‚Zürich ist so sauber, dass man eine auf der Bahnhofstrasse ausgeschüttete Minestra ohne Löffel wieder aufessen könnte‘.*

Max Frisch und Stadelhofen

Der 1911 geborene Zürcher Schriftsteller Max Frisch lebte von 1983 bis zu seinem Tod im Jahre 1991 in einer Wohnung in der Stadelhoferstr. 28 (eine Gedenktafel erinnert heute daran) unweit des Bahnhofs Zürich Stadelhofen. Frisch liebte die Ruhe und wenn es ihm abends im belebten Stadtviertel zu laut wurde, half er manchmal mit einem Eimer Wasser nach. Max

Frisch war selbst Architekt und mischte sich gelegentlich in die Architekturdiskussion ein.

‚Architektur als Konditorei in Eisenbeton‘, schrieb Frisch über den in Bau befindlichen Bahnhof Stadelhofen und wetterte *‚Die Postmoderne verziert eine Gesellschaft, die sich nicht mehr erkennen will‘*.

Zürich Stadelhofen und Calatrava

Der Spanier Santiago Calatrava (*1951), heute einer der bedeutendsten Bahnhofsarchitekten, studierte 1969-1973 Architektur in Valencia und 1975-1979 Bauingenieurwesen and der ETH Zürich. 1980 eröffnete er in Zürich ein Büro, und ein Bahnhof in Zürich sollte sein erstes Bauwerk werden. Mit dem Bau der S-Bahn Zürich wurde der Bahnhof Zürich-Stadelhofen zum Durchgangsbahnhof und musste neu konzipiert werden. Calatrava ließ sich von seiner Heimat inspirieren und entwarf Bahnsteigüberdachungen, die die Rippen eines Stiers zum Vorbild hatten. In der unterirdischen Ladenpassage dagegen meint man, sich zwischen den riesigen Knochen eines Dinosauriers zu bewegen.

Weil der stark befahrene S-Bahnhof verkehrstechnisch ein Nadelöhr darstellt, soll er von drei auf vier Gleise erweitert werden. Das vierte Gleis kann wegen der Hanglage und der beengten städtischen Situation nur noch unterirdisch angelegt werden. Gegen eine entsprechende Ausschreibung der SBB hatte Calatrava zunächst Beschwerde beim Bundesverwaltungsgericht eingelegt, weil er sein Urheberrecht aus dem Jahr 1990 gefährdet sah. Nach Rückzug der Beschwerde war der Weg für den Wettbewerb frei, der aber Ende 2019 schlussendlich zugunsten eines anderen Architekturbüros entschieden wurde.

Zürich Letten - die Drogenhölle

Mit der Eröffnung der unterirdischen Verbindung von Zürich Hauptbahnhof nach Zürich Stadelhofen wurde der Bahnhof Zürich Letten überflüssig und 1989 stillgelegt. 1992 wurde der berüchtigte Drogenumschlagsplatz Platzspitz am Züricher Hauptbahnhof geschlossen. Daraufhin verlagerte sich die Szene in das Areal um den Lettenbahnhof und man sprach bald von der ‚Drogenhölle Letten'. 1995 wurde das Areal schließlich von der Stadt Zürich umgestaltet.

Zürich Enge und der Stuttgarter Hauptbahnhof

Das Aufnahmegebäude des Bahnhofs von Zürich Enge wurde 1925 bis 1927 aus Tessiner Granit gebaut. Als Vorbild diente den Architekten Otto und Werner Pfister der damals in Europa großen Eindruck machende Hauptbahnhof von Stuttgart. Die Kubatur der beiden Bahnhofsgebäude ist jedoch recht verschieden. 1946 kam hier der britische Premier Churchill an, der in der Schweiz Urlaub machte und dessen Zug man aus Sicherheitsgründen in diesen besser kontrollierbaren Bahnhof umleitete. An der Uni Zürich hielt Churchill dann seine legendäre Rede zur Einigung Europas.

Oerlike-Gförlike

Oerlike Gförlike (gefährliches Oerlikon) sagt man in den besseren Stadtvierteln Zürichs über den nördlich gelegenen und zeitweise als unsicher beleumundeten Stadtteil. Der Spruch ist vielleicht eher für das Bahnareal gerechtfertigt, denn 1932 gab es im Bahnhof eine Frontalkollision mit 5 Toten. 1992 fuhr eine S-Bahn einem Intercity in die Flanke, eine Person starb, acht wurden verletzt. Im Oktober 2003 kam es wieder zu einer Flankenfahrt, eine Reisende wurde getötet, 32 verletzt.

Oerlikon und ,Gleis 9'

Am Bahnhof von Oerlikon stand ein schmales Backsteingebäude, in welchem die Bistrobar ,Gleis 9' ihre Räumlichkeiten hatte. Doch das Gebäude sollte abgerissen werden, denn ,Gleis 9' stand dem Ausbau des Bahnhofs Oerlikon um die Gleise 7 und 8 im Wege. Um das markante Gebäude zu retten, wurde es im Frühjahr 2012 um 63 Meter von den Schienen weg verschoben. Eine ähnliche Verschiebung gab es auch am anderen Ende der Schweiz, als das frühere Stationsgebäude von Chêne-Bourg verschoben wurde, um Platz für den Bau der Genfer S-Bahn zu schaffen.

Zürich Wollishofen und der Wanner-Bau

Der Zürcher Stadtteil Wollishofen erhielt 1897 ein neues Bahnhofsgebäude, denn durch den Durchstich des Zimmerbergtunnels war die so genannte Seelinie zu einem Gotthard-Zubringer und entsprechend wichtiger geworden. Ganz neu war das Empfangsgebäude allerdings nicht, denn als die Stadt Zug mit dem Ausbau der Gotthardbahn einen neuen Keilbahnhof bekam, verlegte man das alte Bahnhofsgebäude von Zug einfach nach Wollishofen. Architekt des Bahnhofs war der aus Württemberg stammende Jakob Friedrich Wanner (1830-1903).

Zürich Flughafenbahnhof

1980 wurde der unterirdische Bahnhof Zürich Flughafen eröffnet. Heute halten täglich 300 Züge am Bahnhof, darunter alle Fernzüge von Zürich über Winterthur in die Ostschweiz. Der Flughafen selbst war früher als Zürich-Kloten bekannt. Doch das ist kein attraktiver Name, im Niederländischen etwa bedeutet Kloten Hoden. Zeitweise versuchte man den Flughafen als *Unique Airport* zu vermarkten. Auch das war keine gute Idee. Denn als ein Amerikaner am Bahnhof von St. Gallen zum Taxifahrer sagte ‚Unique Airport, please‘, wurde er nach München gefahren (Munich Airport). Hätte er doch lieber den Zug zum Flughafen genommen.
Heute heißt der Airport schlicht ‚Flughafen Zürich‘.

Zürich Selnau und die Sihl

Die Sihl ist der größte Nebenfluss der durch Zürich fließenden Limmat. Im Stadtgebiet von Zürich verliert die Sihl völlig ihren Naturcharakter. Ihr wird Wasser genommen, so dass nur ein gezähmtes Rinnsal übrigbleibt und das Flussbett unterlief mehrfachen Korrekturen. Im Bereich des Bahnhofs Selnau verläuft die Sihltal-Zürich Uetlibergbahn (SZU, spaßeshalber auch als ‚*schleunigst zum Untergang*‘ interpretiert) unter dem Flussbett. Die Bahnsteige liegen direkt unter dem Fluss, das Zugangsgebäude quasi als ‚Schiff‘ im Flussbett der Sihl. Im Bereich des Hauptbahnhofs sind Sihl und Bahn wieder eng verzahnt. Diesmal unterquert der Fluss die Bahn und die Gleise des Hauptbahnhofs, um beim Landesmuseum in die Limmat zu fließen.

Zürich Wiedikons Reiterbahnhof

Der Bahnhof Zürich Wiedikon weist eine Besonderheit auf: es ist der einzige Reiterbahnhof der Schweiz. Als Reiterbahnhöfe werden Bahnstationen bezeichnet, bei denen das Empfangsgebäude wie eine Brücke quer über den Gleisanlagen liegt, also sozusagen auf ihnen reitet. Sehenswert ist die Wiediker Bahnhofshalle zudem durch Werbemalereien, die noch aus den 1930er Jahren stammen.

Winterthur Grüze

Hans Hilfiker entwickelte nicht nur die Schweizer Bahnhofsuhr, sondern im Zeitraum 1925-1955 auch einen Prototyp für neue Bahnsteigdächer. Dieser Prototyp zeichnet sich durch zentrale Tragrohre und Bahnsteignummern an den Stirnseiten aus und wurde im Bahnhof Winterthur Grüze realisiert. Doch in Serie ging der Prototyp nie. Und so ist Winterthur-Grüze heute der einzige Bahnhof der Schweiz, der nicht nur Hilfiker-Bahnhofsuhren, sondern auch Hilfiker-Perrondächer hat.

Winterthur HB und das Bundeshaus

Winterthur hatte wie Zürich ursprünglich einen Hauptbahnhof, der vom Jakob Friedrich Wanner erbaut wurde. 1894-1896 erfolgte jedoch ein Umbau im Renaissancestil, wobei das Bundeshaus in Bern als Vorlage diente. Das Bundeshaus hat zwar eine deutlich größere Kuppel, dafür hat man in Winterthur gleich zwei Türmchen mit Kuppel aufs Dach gesetzt.

Bahnhof Winterthur

4.2 Nordwestschweiz

Baden und die Spanisch Brötli-Bahn

Einst lief den Zürchern bei den in der Stadt Baden hergestellten knusprigen und nirgends sonst in der Schweiz erhältlichen, äußerst schmackhaften „Spanischen Brötli" das Wasser im Mund zusammen. Deshalb war es schon Ende des 18. Jahrhunderts in Zürcher Herrschaftshäusern üblich, bei hohem Besuch „Spanische Brötli" zum Frühstück zu servieren. Für die Dienstboten bedeutete das jedoch ein sehr frühes Aufstehen, da das Gebäck frühmorgens um vier ofenfrisch in Baden in Empfang genommen werden und dann zu Fuß nach Zürich transportiert werden musste. Mit der Eröffnung der ersten Schweizer Bahnstrecke Zürich-Baden am 9. August 1847 wurde das Transportproblem endlich gelöst, denn die ofenwarmen Brötchen konnten dem ersten Frühzug mitgegeben werden - zur Erleichterung der Zürcher Oberschicht und auch der Dienstboten. Die Bahnstrecke bekam daher den Spitznamen „Spanisch Brötli-Bahn".

Aaraus Bahnhofsuhr

Die Schweizer haben eine Art Uhrenobsession. Kein anderes Land hat eine so dominierende Position in der Produktion von mechanischen Uhren und in Städten wie Zürich fallen die großen Kirchturmuhren auf. Kein Wunder, dass die Eidgenossen auch stolz auf das Design der Schweizer Bahnhofsuhr sind, die mit der roten Kelle als Sekundenzeiger dort fast schon Kultstatus besitzt. Entworfen wurde sie vom Schweizer Designer Hans Hilfiker (1901-1993). Über 3000 Bahnhofsuhren dieses Typs gibt es in der Schweiz, sie zeigen an allen Stationen die offizielle Zeit an. Der Sekundenzeiger stoppt interessanterweise 1-2 Sekunden vor der 12, um mit dem Minutenzeiger in Einklang zu kommen. Im Jahre 2006 wurde an der Gotthardraststätte in Erstfeld (und nicht im Bahnhof der Gemeinde) die größte Bahnhofsuhr der Welt aufgestellt. Mit 7 Metern Durchmesser ermöglicht sie sogar manchen Flugpassagieren (falls in niedriger Höhe fliegend) die Zeit nach ihr zu stellen.

Für die Zeitanzeige im iPad hatte Apple übrigens die Schweizer Bahnhofsuhr verwendet- jedoch ohne Erlaubnis. Im Herbst 2012 einigte sich Apple schließlich mit der SBB auf eine Zahlung von 20 Millionen Schweizer Franken (16 Millionen Euro) für die Nutzung des Bahnhofsuhr-Designs.

Seit Juli 2010 zeigt am Bahnhof von Aarau die größte Bahnhofsuhr Europas (und vermutlich der Welt), welche Stunde es geschlagen hat. Mit seinen neun Metern Durchmesser ist das Zifferblatt größer als das der Turmuhr des Big Ben in London. Allein der große Zeiger ist mehr als 4,5 m lang und 150 kg schwer.

Die Bahnhofsuhr von Aarau

Die Albert-Einstein Passage im Aarauer Bahnhof

Im März 2011 wurde die Passage von der Haupthalle des Aarauer Bahnhofs zur Stadt in *Albert Einstein-Passage* benannt. Eine Bronzetafel für den Begründer der Relativitätstheorie wurde vorbereitet. Der 1879 in Ulm geborene Albert Einstein, flog als 15-Jähriger ohne Abschluss vom Münchner Luitpold Gymnasium. 1896 machte er jedoch das Abitur am Gymnasium von Aarau nach. Einstein schrieb später darüber (Zitat nach Wikipedia-Seite zur Kantonsschule):

„Diese Schule hat durch ihren liberalen Geist und durch den schlichten Ernst der auf keinerlei äusserliche Autorität sich stützenden Lehrer einen unvergesslichen Eindruck in mir hinterlassen; durch Vergleich mit sechs Jahren Schulung an einem deutschen, autoritär geführten Gymnasium wurde mir eindringlich bewusst, wie sehr die Erziehung zu freiem Handeln und Selbstverantwortlichkeit jener Erziehung überlegen ist, die sich auf Drill, äusserliche Autorität und Ehrgeiz stützt. Echte Demokratie ist kein leerer Wahn. "

Aarau und die erste Velostation

Im Jahre 1994 wurde im Bahnhof Aarau die erste Velostation (Fahrradstation) der Schweiz eröffnet (Aarau steht auch alphabetisch bei den Schweizer Städten weit vorne). Die erste Velostation in der französischsprachigen Schweiz folgte erst im Herbst 2010 in Yverdon. Heute gibt es in der Schweiz 48 Velostationen an Bahnhöfen in 34 Schweizer Städten.

Schaffhausen im Krieg

Während rundum der Zweite Weltkrieg tobte und auch viele Bahnanlagen zerstört wurden, war die Schweiz eigentlich eine Insel des Friedens. Doch grenznah gelegene Städte bekamen durchaus auch Bomben ab. Der 1. April 1944 war in Schaffhausen ein sonniger Frühlingssamstag. Doch um 10:38 ertönt Fliegeralarm. Die Bevölkerung floh aber nicht in die

Luftschutzkeller, sondern hielt Ausschau nach den Flugzeugen, denn die Schweiz war ja neutral. Doch die dritte US-Fliegerstaffel ließ ihre tödliche Bombenlast auf Schaffhausen fallen. 371 Brand- und Sprengbomben fielen und töteten insgesamt 49 Menschen. Einige Reisende wurden durch die Druckwelle in den Waggons eines abfahrtbereiten Zuges erdrückt. Der Südtrakt des Bahnhofs und etliche Gleise wurden zerstört. Doch die Schweiz wäre nicht die Schweiz, wenn sie nicht durch perfekte Organisation dem Chaos zu Leibe gerückt wäre. Bereits um 16:30 wurden wieder Fahrkarten verkauft und am nächsten Tag verkehrten die Züge wieder fahrplanmäßig.

Solothurn und die 11

Den Solothurnern gilt die 11 als ‚heilige Zahl'. In der Stadt gibt es 11 Kirchen, 11 Kapellen, 11 Brunnen, 11 Türme, 11 Stadtplätze usw. Solothurn trat als 11. Kanton der Schweiz bei und wenn man dem Stadtnamen das Kantonskürzel SO beifügt sind es 11 Buchstaben. In Solothurn gibt es sogar eine drei Meter hohe Uhr, die statt zwölf elf Stunden anzeigt. Kein Wunder, dass beim Umbau des Bahnhofsplatzes im Jahre 2009 eine Bushaltestelle so gestaltet wurde, dass ihre Silhouette eine 11 ergibt.

Olten - der Nullpunkt

Als Nabel des Schweizer Eisenbahnnetzes gilt das zentral im `Goldenen Dreieck´ Basel-Zürich-Bern gelegene Olten. Hier wurde 1856 der Nullstein des Schweizer Schienennetzes gesetzt. Ein Gedenkstein am Gleis 12 erinnert daran. Gemessen wurden die Entfernungen später dann allerdings von anderen Punkten aus.

Oltens Bahnhofsbuffet

Ein Nabel des Landes ist auch das Bahnhofbuffet Olten. Hier wurden etliche Schweizer Vereinigungen gegründet, darunter im Jahr 1971 der Autorenverein *Gruppe Olten*.

☞*Bahnhofbuffet Olten-Dialekt* steht übrigens für ein durchschnittliches Schweizerdeutsch.

Basel und die zwei Uhren

Manche fragen sich, warum am Basler Bahnhof zwei Bahnhofsuhren angebracht sind. Einst war dies notwendig, denn jede Uhr zeigte eine andere Zeit an. Denn schon 1844 fuhr ein Zug von Basel ins französische Mulhouse, eine der ersten internationalen Strecken Europas. Die Eisenbahn löste auch eine Vereinheitlichung der verschiedenen Ortszeiten aus. Die linke Uhr des Bahnhofs zeigte die Berner und damit die Schweizer Eisenbahn-Zeit, die rechte Uhr die *heure parisienne*, also die französische Zeit. Diese hinkte der Schweizer Zeit um 20 Minuten nach, Paris lag ja auch westlich von Bern. 1871 ging plötzlich die rechte Uhr voraus, denn nach dem Deutsch-Französischen Krieg war das Elsass an Deutschland gefallen und dort galt die Zeit von Berlin. 1893 wurde dort dann die ´europäische Zeit´ eingeführt, wodurch der Vorsprung der rechten Uhr noch größer wurde. Die Schweiz führte diese Zeit dann 1894 ebenfalls ein, wodurch beide Uhren erstmals synchron liefen. Ab 1918 gehörte das Elsass wieder zu Frankreich. Dort galt mittlerweile die Greenwich Mean Time, weshalb der Abstand der beiden Uhren eine Stunde betrug. Nach dem Zweiten Weltkrieg wechselte Frankreich zur Mitteleuropäischen Zeit und die Uhren gingen wieder synchron.

Bahnhof Basel SBB

Dürrenmatt und der Verleger am Basler Bahnhof

Im Jahre 1946 beschloss Friedrich Dürrenmatt, eine bürgerliche Karriere aufzugeben und freier Schriftsteller zu werden. Er brach sein Studium ab, zog mit seiner Frau nach Basel und schlug sich mit Bühnenwerken durch. Doch die ersten Jahre waren wirtschaftlich schwierig, zumal er eine fünfköpfige Familie zu ernähren hatte. Der Durchbruch kam erst 1956 mit seiner Komödie ‚*Der Besuch der alten Dame*'. In diesem Stück kommt eines Tages eine schwerreiche alte Dame am Bahnhof des fiktiven Ortes Güllen an. Im Jahre 2008 wurde die Tragikkomödie in der Steiermark verfilmt. Die Station Vordernberg gab dabei den Bahnhof von Güllen.

Das eigentliche Vorbild für Güllen, von dem sich Dürrenmatt inspirieren liess, soll der Bahnhof Ins im Berner Seeland gewesen sein. Dort kreuzt sich in einer ländlichen Umgebung die Bern-Neuenburg-Bahn (heute ein Teil der BLS) mit zwei anderen Privatbahnen. Über viele Jahre fuhren internationale Schnellzüge zwischen Bern und Paris ohne Halt durch Ins.

Nach der französischen Erstaufführung der ‚Dame', bat Dürrenmatt seinen deutschen Verleger, dringend um 20 000 Franken. Dieser fragte, warum er denn von seinem Schweizer Verleger noch kein Geld bekommen habe. Als Dürrenmatt aus Deutschland zurückkehrend in Basel aus dem Zug stieg, wurde er von seinem Schweizer Verleger mit einem Riesen-Blumenstrauß empfangen. Der teilte ihm mit, dass sein Guthaben mittlerweile auf 60 000 Franken betrug. Das war die Wende für den lange klammen Schriftsteller.

Basel Badischer Bahnhof

Der Badische Bahnhof von Basel ist ein Kuriosum, denn es handelt sich um einen DB-Bahnhof auf Schweizer Territorium. Von 1935 bis 1948 hieß er sogar *Basel Deutsche Reichsbahn*. Noch heute gilt er teilweise als deutsches Zollgebiet und bis zum Beitritt der Schweiz zum Schengen-Abkommen im Dezember 2008 gab es hier Grenzkontrollen. Verbindungen von Singen/Konstanz Richtung Freiburg und Oberrheinische Tiefebene laufen über diesen Bahnhof und damit über Schweizer Gebiet. Architekt des 1913 eröffneten Empfangsgebäudes des Badischen Bahnhofs war ein Schweizer, Karl Moser, der Keupersandstein der Fassade kam wiederum aus Württemberg.

Die Deutsche Bahn betreibt in den Regionen Basel und Schaffhausen verschiedene Strecken auf Schweizer Hoheitsgebiet und hat zu diesem Zweck einen „Beauftragten der Konzernleitung" mit Sitz im Badischen Bahnhof ernannt. Ebenso muss die SBB für den im Raum Jestetten auf deutschem Gebiet verlaufenden Abschnitt der Strecke Zürich – Schaffhausen deutsches Recht beachten. Grundlage der jeweiligen extraterritorialen Netzteile ist ein auch heute noch gültiger Staatsvertrag, welchen die Schweiz im 19. Jahrhundert mit dem Großherzogtum Baden als Rechtsvorgänger der Bundesrepublik Deutschland abgeschlossen hat.

Dornach und die Dampflok

Zwischen 1917 und 1975 verkehrte zwischen einem Metallwerk und dem Bahnhof von Dornach die 1874 gebaute Dampflokomotive ‚Zephir'. 1970 erwarb das Metallwerk noch passende, über 100 Jahre alte Personenwagen. Nun konnte man bei festlichen Anlässen Kunden auf originelle Art vom Bahnhof abholen. Aus ganz Europa reisten Bahnfans an, um die Zephir sehen zu können. 1980 verschenkte das Metallwerk den Dampfzug an Eisenbahnfreunde.

☞ Der Bahnhof liegt übrigens genau auf der Kantonsgrenze zwischen Solothurn und Basel-Landschaft. Um die Neugestaltung des Bahnhofplatzes ab 2008 zu erleichtern, einigten sich die beiden Kantone auf eine geringfügige Korrektur der vorher im Zickzack verlaufenden Grenze.

Dornach-Arlesheim und Rudolf Steiner

Der österreichische Begründer der Anthroposophie Rudolf Steiner wurde 1861 im heutigen Kroatien als Sohn eines Bahnbeamten geboren. Steiners Vater wurde 1863 Vorsteher des Bahnhofs von Pottschach (Niederösterreich) an der Südbahn. Seine letzten Lebensjahre verbrachte Steiner in Dornach bei Basel, wo er das Goetheanum gründete. Das Goetheanum zieht noch heute Besucher aus der ganzen Welt an. Zum 150. Geburtstag Steiners am 27. Februar 2011 wurde am Bahnhof eine Willkommenstafel aufgehängt.

Rheinfelden und der Bahnhof auf der deutschen Seite

Wenn man im Bahnhof von Rheinfelden (Baden) aussteigt, hat man das Gefühl, das Empfangsgebäude befände sich auf der falschen Seite der Gleise. Es liegt auf der Südseite zum Rhein hin, die Innenstadt befindet sich jedoch auf der Nordseite. Der Grund dafür ist überraschend. Als der Bahnhof gebaut wurde, gab es ein badisches Rheinfelden noch gar nicht. Der Bahnhof wurde vielmehr in Hinblick auf das Fahrgastpotential im schweizerischen Rheinfelden, welches auf der anderen Rheinseite liegt, gebaut. Als es die Bahnstation dann gab, zog sie auf der badischen Seite wirt-schaftliche Aktivitäten an und im Lauf der Jahrzehnte bildete sich am Bahnhof ein entsprechender Ort, weil vor allem nördlich der Gleise Baufläche vorhanden war, jedoch, vom Empfangsgebäude gesehen, auf der falschen Seite.

Durch den zweiten Bahnhof hat das schweizerische Rheinfelden eine gleich doppelt gute Verkehrsanbindung, denn es ist zudem Station der Regio S-Bahn Basel und Schnellzugshalt der Bözbergstrecke zwischen Basel-Zürich. An der Bahnstrecke liegt übrigens die bekannte Brauerei Feldschlösschen, was Rheinfelden zur Schweizer Bierhauptstadt macht. Ab Rheinfelden ist der Rhein übrigens schiffbar und Autobahnanschluss hat die Stadt auch.

Brugg und das Muusloch

Die Fußgängerunterführung des Bahnhofs Brugg Richtung Windisch wird wegen der beengten Verhältnisse im Volksmund *Muusloch* (Mäuseloch) genannt. Vor allem für Radfahrer ist die Situation unbefriedigend, was zu folgenden Witzen geführt hat: Frage an Radio Eriwan: Ist eine velotaugliche Verbindung beim Bahnhof Brugg möglich? *Im Prinzip ja, es ist nur eine Frage der Ewigkeit.* Selbst Mäusen bliebe das Loch im Halse, äh der Hals im Loch stecken.

Luzern - der abgebrannte Bahnhof

Am Bahnhofsvorplatz von Luzern stehen die Überreste eines Bahnhofsportals. Dieses gehörte zum alten Bahnhof von Luzern, der im Jahre 1971 abbrannte und mit seiner beeindruckenden hohen Bahnhofshalle einst Vorbild des Antwerpener Hauptbahnhofs war. Der Bahnhof wurde nicht im alten Stil wiederaufgebaut, sondern durch einen flachen Neubau ersetzt, der nicht mehr so dicht am Ufer des Vierwaldstättersees stand, denn der Anschluss zur Seeschifffahrt war weniger wichtig geworden. Durch das Zurücksetzen wurde Raum gewonnen für einen Vorplatz für Taxis, Busse und PKW.

Luzern-Verkehrshaus

Das Verkehrshaus der Schweiz in Luzern ist eines der besten Verkehrsmuseen Europas. Seit Ende 2007 als der Bahnhof Luzern Verkehrshaus eröffnet wurde, kann man direkt mit dem Zug anreisen. Jahrelang hatte das Verkehrshaus auf eine solche Station hingearbeitet. Als der Luzerner Hauptbahnhof 1971 abbrannte, gab es allerdings schon Überlegungen an dieser Stelle einen neuen Großbahnhof für Luzern als Durchgangsbahnhof zu bauen. Heute gehen Planungen von einem Durchgangsbahnhof unterhalb des Hauptbahnhofs aus. Auf einem kurzen Teilstück würde der Vierwaldstättersee unterquert.

Der schillernde Bahnhof Zug

Die Schweiz hatte bereits vor Jahrzehnten ein erhebliches Drogenproblem. Damit die Junkies sich nicht im Schutze von Telefonzellen den Schuss gaben, wurden diese von blauem Licht beleuchtet, denn dadurch lassen sich die Blutadern schlecht finden. Bald wurde dieses Prinzip auch im Bahnhof Zürich eingeführt, wo sich am gegenüber gelegenen Platzspitz eine ausgedehnte Drogenszene etabliert hatte. Der Bahnhof von Zug, im boomenden Niedrigsteuerkanton gelegen, leuchtet dagegen nach Einbruch der Dämmerung (bis 23:00) nicht nur in blau, sondern auch in grün und rot. Dabei handelt es sich um eine Lichtinstallation des amerikanischen Künstlers James Turrell (*1943). Einst hatte Zug, wie viele andere Schweizer Städte, einen vom aus Württemberg stammenden Architekten Jakob Friedrich Wanner erbauten Bahnhof. Doch mit dem Ausbau der Gotthardlinie musste dieser einem Keilbahnhof weichen und der Bau wurde einfach nach Zürich-Wollishofen versetzt.

Brunnen

Vor dem 1882 eröffneten Bahnhof der am Vierwaldstätter See gelegenen Ortschaft Brunnen (Kanton Schwyz) steht eine Statue des in Brunnen geborenen Bildhauers Josef Bisa (1908-1976) und - ein Brunnen.

Einsiedeln und der Papst

Einsiedeln mit seinem Kloster ist der meistbesuchte Wallfahrtsort der Schweiz. Viele reisen mit dem Zug an, die Schweizerische Südostbahn (SOB) bringt sie mitten ins Dorf, wo ein Kopfbahnhof steht. 1981 stieg hier kein geringerer als Papst Johannes Paul II aus einem Sonderzug und pilgerte von dort zum Kloster. Um das mit dem Papstbesuch verbundene große Verkehrsaufkommen bewältigen zu können, wurde die Dienststation Neuberg eingerichtet, welche bis heute das Kreuzen von Zügen auf der sonst eingleisigen Strecke ermöglicht.
☞ Die Wallfahrtzüge nach Einsiedeln werden von Spöttern auch *Schiinheiligi-Express* (Scheinheiligen-Express) genannt.

Arth-Goldau und die Artenvielfalt

Der Bau der Gotthardbahn hat sich in Goldau (Kanton Schwyz) auch auf Flora und Fauna ausgewirkt. In Goldau gibt es Eidechsen, die man sonst nur südlich der Alpen findet. Vor über 100 Jahren kamen die Eidechsen mit den ersten Güterzügen durch den Gotthard. Da in Goldau umgeladen wurde, konnten die Eidechsen dort entwischen. Vor allem am Depotweg unweit des Bahnhofs kann man an warmen Tagen dieser Reptilien ansichtig werden.

Der Bergrutsch von Goldau

Am Bahnhof von Goldau kann man auf einer Gedenktafel Folgendes lesen:

> Hier unten liegt in einer Tiefe von 30 m das einstige Dorf Goldau verschüttet durch den Bergsturz am 2. Sept. 1806 Nachm. 5 Uhr mit 457 Menschen, 2 Kirchen 300 Wohnstätten und anderen Gebäuden.

Hier hatte sich also noch vor dem Eisenbahnzeitalter eine der größten Naturkatastrophen der Schweiz ereignet. An der Südflanke des Rossberges hatten sich gewaltige Steinmassen gelöst, stürzten ins Tal und begruben die Dörfer Goldau und Röthen unter sich. Goldau wurde auf dem Schuttkegel wieder aufgebaut und entwickelte sich schließlich zum Verkehrsknoten, was später den auf dem Bergsturzgesteinsmaterial errichteten Bahnhof einschließen sollte.

Erstfeld und das Krokodil

Am Bahnhof von Erstfeld (Kanton Uri) steht etwas, was Bahnfanherzen höherschlagen lässt - ein Krokodil. Dies ist die populäre Bezeichnung der grün gestrichenen und an einen Krokodilkopf erinnernden Gotthard-Güterzuglokomotive Ce 6/8. Die in Erstfeld ausgestellte Lokomotive hat die Seriennummer 14253, was für Bahnfreaks nicht unwichtig ist.

Altdorf und sein Kantonsbahnhof

Altdorf im Kanton Uri zählt mit nur 8'600 Einwohnern zu den kleineren Hauptorten dieser Welt. Bei der Planung der Gotthardbahn wurde seine Bedeutung zugunsten einer geraden Linienführung von Flüelen nach Erstfeld vernachlässigt. Dadurch liegt der Bahnhof gut einen Kilometer vom Dorfzentrum (mit dem bekannten Wilhelm-Tell-Denkmal) entfernt. Ähnlich wie im nahe gelegenen Schwyz sorgte eine zeitlang (1906-1951) sogar eine Strassenbahn – hauptstadtwürdig – für die Anbindung des Zentrums an die Eisenbahn. Deren Ziel war allerdings nicht der Bahnhof Altdorf, sondern sein Pendant in Flüelen. Der Altdorfer Bahnhof selbst verlor in der Folgezeit zunehmend an Bedeutung und wurde ab 1994 zehn Jahre lang fast nur noch mit Bussen erschlossen. Seither ging es aber wieder aufwärts: im Rahmen der Einführung der S-Bahn zwischen Zug und Uri wurden neue behindertengerechte Perrons gebaut. Ab 2021 ist ein völlig neuer, fernverkehrstauglicher «Kantonsbahnhof» mit 420 Meter langen Bahnsteigen, einem neuen Stations- und Bürogebäude und Halten von IC-Zügen durch den Gotthardbasistunnel (GBT) in Betrieb. Bereits nach einer guten halben Stunde können Urner Bahnreisende ihren Espresso im Tessiner Hauptort Bellinzona geniessen! Dass es soweit kam und der Bund eine solche Verbindung finanzierte, hat mit der Lage Uris auf der Gotthard-Transitachse zu tun: Der Kanton leidet nicht nur unter Belastungen auf Strasse und Schiene, sondern führte auch eine jahrelange interne Diskussion über die beste NEAT-Linienführung auf seinem Gebiet. Nicht durchsetzen konnte sich die «Bergvariante lang», bei welcher die Züge nach dem neuen Axentunnel die Ortschaften Bürglen und Schattdorf unterquert hätten und erst zwischen Altdorf und dem GBT-Nordportal nochmals kurz ans Tageslicht gekommen wären (am seinerzeit angedachten Standort des Kantonsbahnhofs). Stattdessen blieb es (wohl auf lange Sicht) bei den beiden alten Axentunnel und der offenen Linienführung in Flüelen und Altdorf.

Jungfraujoch - Top of Europe

Am 27. Juni 1896 begannen auf der Kleinen Scheidegg im Kanton Bern die Bauarbeiten für die Jungfraubahn, einer meterspurigen Zahnradbahn. Am 21. Februar 1912 konnte der 3454 m ü.N.N. gelegene Bahnhof Jungfraujoch fertig gestellt werden. Im August desselben Jahres fuhr der erste fahrplanmäßige Personenzug in diesen Bahnhof ein. Jungfraujoch ist noch heute der höchstgelegene Bahnhof Europas. Lange lag er, was die Höhenlage betrifft, nach der Station Galera in Peru an zweiter Stelle weltweit. Doch nach dem Bau der Tibetbahn gibt es mittlerweile auch in China höher gelegene Bahnhöfe. Ursprünglich wollte der Schweizer Unternehmer und Gründer der Jungfrau-Bahngesellschaft Adolf Guyer-Zeller die Bahn bis zum 4159 hoch gelegenen Jungfraugipfel bauen lassen. Doch Zeller starb bereits 1899. Zudem wurden die veranschlagte Bauzeit und die Kosten immer mehr überzogen, so dass man sich mit einem Endbahnhof am Jungfraujoch begnügte. Seither kamen jedoch immer wieder Pläne auf, die Bahn bis zum Gipfel zu verlängern.

Thun

Der Bahnhof von Thun, hat ein relativ großzügiges Aufnahmegebäude (Empfangsgebäude). Als der erste Bahnhof Thuns 1859 errichtet wurde, war die Anbindung an die Thunerseeschiffahrt ein wichtiger Faktor der Standortfindung. Die Nachbargemeinde Scherzligen konnte der Schiffahrt einen noch günstigeren Verknüpfungspunkt bieten. Nach der Eingemeindung Scherzligens wurde der dortige Bahnhof dennoch stillgelegt und am Standort des alten Thuner Bahnhofs 1923 eine neue Station errichtet. Um den Anschluss an die Schifffahrt zu gewährleisten, musste man einen eigenen Schifffahrtskanal zum Bahnhof bauen. Der Thuner Bahnhof wurde bis 2006 von drei Eisenbahngesellschaften bedient, der *SBB*, der *BLS Lötschbergbahn* und dem *Regionalverkehr Mittelland (RM)*. 2006 fusionierten BLS und RM. Thun ist neben Brig der einzige Gemeinschaftsbahnhof beider Bahnen, d.h. die Zuständigkeit für die Infrastruktur ist geteilt.

☞ Die bis 2006 bestehende Regionalverkehr Mittelland war 1997 selbst aus der Fusion dreier regionaler Bahngesellschaften hervorgegangen, darunter der Emmental-Burgdorf-Thun-Bahn. Deren Bahn-Kürzel EBT wurde früher scherzhaft als *Emmithaler Bure Tram* und *eventuell bis Thun* interpretiert.

Station Eigergletscher und die Grönlandhunde

Der auf 2320 m ü. N.N. gelegene Bahnhof Eigergletscher weist zwei Rekorde auf. In der Station findet sich zum einen die höchst gelegene Betriebsküche aller Bahnen Europas. Am Bahnhof befindet sich zudem eine von der Jungfraubahn betriebene Zuchtstation für Grönlandhunde. Wahrscheinlich ist es die höchstgelegene Zuchtstation für Grönlandhunde aller Bahnen Europas.

Bern - der überlastete Bahnhof

Die Landeshauptstadt Bern hat nur 125 000 Einwohner aber den Bahnhof der Stadt nutzen täglich 330 000 Fahrgäste, er ist nach Zürich der am zweitstärksten frequentierte der Schweiz. Permanent wälzt sich ein endloser Menschenstrom durch den Bahnhof. Eine Passerelle über den Gleisen sorgt seit 2004 für eine bessere Verteilung der Passantenströme. Bis 2027 soll am Bubenbergplatz ein weiterer Bahnhofzugang geschaffen werden. Ein Engpass ist jedoch weiterhin der meterspurige Tiefbahnhof der Regionalverkehr Bern-Solothurn. Dieser wird mit seinen wenigen Bahnsteigen täglich von mehr als 80 000 Passagieren genutzt. Ein Ausbau des RBS-Tunnelbahnhofs ist deshalb in Planung, bis 2027 soll er zwei Stockwerke und vier Gleise haben. Zudem soll der Normalspurbahnhof längerfristig um vier Gleise erweitert werden.

☞ In Bern führt von den tiefergelegenen Stadtteilen eine Standseilbahn, die Marzilibahn, zum Bundeshaus, dem

Schweizer Parlamentsgebäude, hinauf. Spötter bezeichnen dieses deshalb auch als *‚Bergstation der Standseilbahn‘*.

Büren an der Aare

Büren an der Aare weist ein Bahnkuriosum auf: der örtliche Bahnhof hat ein Gleis, aber zwei Prellböcke. Einst war Büren Durchgangsbahnhof an der Strecke Solothurn-Lyss. Doch von Solothurn her wurde die Strecke 1994 probeweise auf Busverkehr umgestellt. Die Schienen wurden nicht abgebaut. Um die Umstellung definitiv zu machen, wurde jedoch zumindest im Bahnhof das Gleis unterbrochen. Da aber von Solothurn her noch bis 2015 gelegentlich Nostalgie-Dampf-sonderzüge ankamen, kam zum Prellbock auf der Westseite, wo BLS-Regelzüge ankommen, noch ein Prellbock auf dem gleichen Gleis auf der Solothurner Seite dazu.
Im Herbst 2015 musste der sporadische Dampfzugverkehr auf der Solothurner Seite eingestellt und das Gleis teilweise entfernt werden. Vereine und private Initiativen sind heute nur noch in wenigen Ausnahmefällen in der Lage, neben dem Rollmaterial auch ganze Bahnstrecken instand zu halten und die entsprechenden Sicherheitsnachweise gegenüber den Aufsichtsbehörden zu führen. Dies war auch im Fall Büren der Grund für die Einstellung des Museumsbahnbetriebs.

Bahnhof Büren (Foto: BLS).

Aadorf - der Kaiserbahnhof

In der thurgauischen Gemeinde Aadorf wurde 1910 mit dem Bau eines Bahnhofs begonnen. Bei der Fertigstellung im Jahre 1912 scheute man weder Kosten noch Mühe für einen repräsentativen Endausbau, denn man erwartete den Besuch von niemand geringerem als dem deutschen Kaiser Wilhelm II. Es wurde erwartet, dass der Kaiser am 6. September 1912 eine Truppenschau am Ende eines Manövers auf dem Aardorfer Feld besichtigen und mit der Bahn in Aadorf ankommen würde. 100 000 Zuschauer sollten schließlich das Defilee live beobachten. Doch der Kaiser war nicht dabei. Ihm schien an den Vortagen nicht so wohl gewesen zu sein,

Bahnhof von Aadorf

so erholte er sich bei einer herzhaften Verpflegung in der nahen Kartause Ittingen und reiste schließlich am 6. September mit einem Sonderzug vom sanktgallischen Wil ab. Ob er bei der Durchfahrt in Aadorf den zu seinen Ehren auf Vordermann gebrachten Bahnhof bemerkt hat, ist nicht geklärt. Zumindest hat der Bahnhof seit dieser Zeit den Spitznamen *Kaiserbahnhof* weg.

Romanshorn und das Mocmoc-Denkmal

Am 20 September 2003 wurde am Bahnhof der einstigen Eisenbahntrajektstadt Romanshorn (Bodensee) das einer Pokemon-Figur ähnlich sehende Mocmoc-Denkmal eröffnet. Auf der MocMoc-webseite (www.mocmoc.ch) wird

Gemeindeamman Max Brunner so zitiert: "Paris hat den Eiffelturm, New York hat seine Freiheitsstatue und wir haben unser Mocmoc". Die Plastik führte jedoch zur Spaltung der Öffentlichkeit. Mocmoc-Fans standen ausgesprochene Mocmoc-Gegner („Verspottung der Steuerzahler") gegenüber und etliche sprachen sich für eine Verlegung der Mocmoc-Plastik aus. Am 16. Mai 2004 kam es schließlich zu einer Volksabstimmung über den Standort von Mocmoc. Ergebnis der Abstimmung: 53.5% sprachen sich für den Standort Bahnhofsplatz aus.

Romanshorns Mocmoc

St. Gallen und die binäre Uhr

Im Mai 2015 rückten in St. Gallen die Bagger an, um ein 120 Millionen Franken-Projekt, der Stadt und der SBB zur Aufwertung und Modernisierung des Bahnhofsbereiches umzusetzen. Im Frühjahr 2018 waren die Bauarbeiten beendet. Jetzt gab es eine großzügige Unterführung mit Zugang zu allen Bahnsteigen. Die Rolltreppen dahin wurden von einem transparenten Kubus überdacht. Der sollte ursprünglich mit Blumenmotiven bedruckt werden und so die Tradition St. Gallens als Textilstadt aufnehmen. Doch nach einem Wettbewerb, zu dem 8 Künstler eingeladen wurden, ergab sich eine andere, modernere Lösung, man will ja auch Innovationsstadt sein. Denn Gewinner war der St. Galler Musiker Norbert Möslang (*1952) mit dem Entwurf *Patterns*, einer binären Uhr. Diese zeigt die Stunden mit dem Zeichen O an, die Minuten mit X und die Sekunden mit einem ❏. Man muss von rechts nach links lesen und die erste Spalte bedeutet 1, die zweite 2, die dritte 4, die vierte 8, die fünfte 16 und die sechste 32 und alles muss aufaddiert werden. Nicht jeder konnte so gut rechnen und so blieben Kritiken nicht aus. In einem Interview meinte ein Passant `So ein Seich´, und dass die verantwortlichen Politiker die Kosten selber tragen sollten. Die meisten Passanten hatten schließlich einfach nur das Problem, die Uhrzeit nicht erkennen zu können. Bald gab es jedoch eine Lösung dafür: eine App. man konnte sein Smartphone an die Fassade halten und prompt wurde einem die Uhrzeit angezeigt.

St. Gallens Bahnhofsuhr

☞Im Oktober 2019 gab es nochmal eine kleine Aufregung, bezüglich der Bahnhofsfassade. Zur Landwirtschaftsmesse Olma wurde diese mit den Flaggen der Schweizer Kantone geschmückt. Die hingen in einem 8x3 Block, plus neben der Uhr St. Gallens Kantons- und Stadtfahne. Für den 26. Schweizer Kanton Waadt fand sich jedoch kein Platz mehr.

Frauenfeld und die Deppenfalle

In der Bahnunterführung Rheinstraße in Frauenfeld mit ihrer Höhenbegrenzung von 2.70 m blieb in den letzten Jahren jeden zweiten Monat ein Lieferwagen mit Kastenaufbau hängen. Von 2002 bis 2017 krachte es 57-mal. Die Unterführung wird im Volksmund deshalb *Deppenfalle* genannt. Sensoren und Warnlicht sollen künftig weitere Probleme vermeiden.

Ziegelbrücke und Hans Conrad Escher

Am Bahnhof Ziegelbrücke ist eine Gedenktafel für Hans Conrad Escher angebracht. Escher hat sich mit der Regulierung des Flusses Linth, die er nach Plänen des badischen Ingenieurs Tulla (dieser wurde für die Rheinkorrektur berühmt) durchführen ließ, große Verdienste erworben. Die Bewohner des unteren Linthtals waren durch Versumpfung nämlich immer mehr ins Elend geraten. Ziegelbrücke ist Endstation der S2 der S-Bahn Zürich, liegt auf St. Galler Gebiet, erschließt aber den Ort Niederurnen, der auf der zum Kanton Glarus gehörenden Seite des Linthkanals liegt.

St. Moritz - der unfreiwillige Endbahnhof

Das topographisch schwierige Graubünden gilt als Kanton der unverwirklichten Bahnstrecken. Einst gab es Pläne, durch einen Splügentunnel auf die Alpensüdseite und nach Italien zu gelangen, doch gebaut wurde der Gotthardtunnel. Statt in Scuol im Engadin zu enden, sollte eine andere Bahn bis Landeck in Tirol weitergeführt werden. Und die heute in St.

Moritz endende Bahnlinie sollte ursprünglich weiter bis Maloja und von dort ins italienische Chiavenna geführt werden. Doch St. Moritz ist auch heute noch Endbahnhof. Dass dies nicht die ursprüngliche Planung war, erkennt man am Stationsgleis 2, welches Richtung St. Moritz Bad aus dem Bahnhof weiterläuft, mittels einer Brücke eine Straße überquert, um dann an einem Prellbock an einem Hang zu enden, wo ein Tunnel nie verwirklicht wurde.

Maienfeld und die Vergesslichkeit

Maienfeld ist der einzige Bahnhof in Graubünden, welcher nur von Normalspurzügen der Schweizerischen Bundesbahn bedient wird. Besser wäre es wohl, wenn auch andere Bahnen die Station bedienen würden, denn angeblich ist Maienfeld die Schweizer Station, an der Lokführer am häufigsten vergessen, anzuhalten (damit das *Wolfsburg der Schweiz*).
In Johanna Spyris Buch *Heidi's Lehr- und Wanderjahre* hielt der Zug, mit welchem Heidi, die über Basel und Zürich von Frankfurt angereist war, allerdings in Maienfeld. Als die Heidi-Romane in den 1950er Jahren verfilmt wurden, gab der echte Bahnhof Maienfeld den entsprechenden Bahnhof im Roman (der dort allerdings Mayenfeld geschrieben wurde).

Scuol-Tarasp und die Ausbaupläne

Obwohl östlicher Endpunkt der Rhätischen Bahn, ist die Station Scuol Tarasp nicht als Kopfbahnhof, sondern als Durchgangsbahnhof angelegt. Ursprünglich gab es nämlich Pläne, die Bahnlinie bis Landeck in Tirol zu verlängern. Das östliche Ausziehgleis mit Prellbock wird heute noch als *Tiroler Stumpen* bezeichnet. Das Bahnhofsgebäude ist zudem im Vorgriff auf die internationale Bedeutung der Strecke in schlossartiger Opulenz gebaut. Der Erste Weltkrieg und der danach einsetzende Autobusverkehr brachten jedoch das Ende der Strecken-Ausbaupläne. Heute, 100 Jahre später, verfolgt eine politische Arbeitsgruppe aus Graubünden, Tirol, Südtirol und der Lombardei die Alternatividee einer Verlängerung von Scuol nach Mals im Südtiroler Vinschgau. Nach der erfolgreichen Reaktivierung der zukünftig elektrifizierten Vinschgerbahn Mals – Meran soll ein solches Vorhaben vor allem dem grenzüberschreitenden Tourismus im Alpenraum Auftrieb verleihen.

Davos Dorf und der Zauberberg

In Thomas Manns 1924 erschienenen Roman Der Zauberberg, trifft der junge Held Hans Castorp, Kind einer Hamburger Kaufmannsfamilie, Anfang August 1907 auf dem Bahnhof Davos-Dorf ein. Mit seinen 11 000 Einwohnern hat Davos 8 Bahnstationen. Die wichtigsten sind Davos Dorf und Davos Platz. Alle Stationen werden von der Rhätischen Bahn (RhB) betrieben werden. Die Rhätische Bahn bedient ein über ein 384 km langes 1000 mm-Schmalspurnetz.
☞ Humoristische Interpretationen des Rhätische Bahn Kürzels RhB sind *Räuber Hüüsli-Bahn* und *Rätischi-Holper-Bahn*.

Sedrun und die Porta Alpina

Der Gotthard-Basistunnel führt tief unter dem Graubündner Ort Sedrun hindurch. Dort befinden sich jedoch Zwischen- angriffsstollen für den Bau des Tunnels. Ein Zugangsstollen führt 1 km waagrecht in den Berg; von dort führen zwei Schächte 800 m tief zum Eisenbahntunnel hinunter, wo eine Nothaltestelle eingebaut wurde. Das brachte die Sedruner auf die Idee, einen fahrplanmäßigen Halt zu fordern, der über einen Aufzug durch den 800 m Schacht von Sedrun erreicht werden sollte. Eine Studie kam zum Ergebnis, dass sich dieses 50-Millionen-Projekt mit dem Arbeitstitel Porta Alpina wirtschaftlich tragen könnte. Das Parlament stimmte im Herbst 2005 einem Finanzbegehren für ein Vorprojekt zu, und im Februar 2006 ergab eine Volksabstimmung in Graubünden 71,6% Ja-Stimmen für eine 20-Millionen-Finanzspritze. Zunächst sah es so aus, dass Sedrun nach 2012 wohl eine der ungewöhnlichsten Bahnstationen der Welt bekommen sollte. Doch schließlich entschieden Politiker und Behörden doch gegen diese spektakuläre, aber teure Lösung.

Peist und die Esche

Am in 1244 m Höhe gelegenen Bahnhof Peist der zur Rhätischen Bahn gehörenden Arosabahn findet sich ein künstliches Amphibien- und Pflanzenbiotop. Aber auch die natürliche Vegetation hat hier einiges zu bieten. Am Bahnhof steht eine der mächtigsten Eschen Europas, ihr Stammumfang beträgt über 10 Meter. Das Buch ‚*Baumriesen der Schweiz*‘ beklagt, dass keiner der Bahnhofsnutzer von der Esche weiß. Am Bahnhof ist das Motto angebracht ‚Es eilt die Zeit, Mensch sei bereit‘. Die Esche hat Zeit. Sie reckte ihre Blätter schon mehr als zweihundert Jahre vor dem Bau des Bahnhofs in die Sonne.

4.5 Westschweiz und Tessin

Neuenburg (Neuchâtel)

Der Schweizer Schriftsteller Friedrich Dürrenmatt (1921-1990) wohnte ab 1952 mit seiner Familie in einem neu gebauten Haus oberhalb von Neuenburg (Neuchâtel). Heute findet sich dort das Centre Dürrenmatt, eine Gedenkstätte des Bundes für den Schriftsteller.
Als Dürrenmatt einmal gefragt wurde, warum er (als Berner) nach Neuenburg gezogen sei, antwortete er ‚*Weil es einen Bahnhof hat*‘.
☞ Wahrscheinlich war dies auch der Grund, warum das Bundesamt für Statistik der Schweiz 1998 von Bern nach Neuenburg zog, in unmittelbare Bahnhofsnähe.

Chexbres und die weggeworfenen Fahrkarten

Die deutschsprachige Schweiz ist nicht gerade arm an landschaftlichen Reizen, für Deutsche gilt sie als eine Art Paradies. Dennoch scheint es für Deutschschweizer im eigenen Land noch Steigerungsmöglichkeiten zu geben. Wenn der Zug von Bern nach Lausanne den Tunnel von Chexbres hinter sich gelassen hat, eröffnet sich plötzlich ein so eindrucksvoller Blick auf den leuchtendblauen Genfersee, dass Deutschschweizer Fahrgäste angeblich ihre Rückfahrkarten aus dem Fenster schmeißen. Der Weinberg an der Bahntrasse hinter dem Tunnelausgang (und kurz vor Einfahrt in den Bahnhof Puidox-Chexbres) wird deshalb von den Schweizern auch ‚*Clos des billets*‘ genannt.

Lausanne und die Hauptstadt

Über dem Eingangsportal des Lausanner Bahnhofs steht nicht einfach nur Lausanne Gare (Bahnhof), es finden sich vielmehr die Lettern ‚*Lausanne Capitale Olympique*‘ gekrönt von den fünf olympischen Ringen.

Lausanne ist Hauptsitz des 1894 gegründeten Olympischen Komitees. Seit 1993 gibt es in Lausanne zudem ein Olympisches Museum. Eine Medaille hat auch die Verkehrsanbindung des Lausanner Bahnhofs verdient. Obwohl Lausanne nur 138 000 Einwohner hat, gibt es im Bahnhof eine Station einer vollautomatischen U-Bahn (die 2008 eine unterirdische Zahnradbahn am Bahnhof ersetzte, welche wiederum bei der Landesausstellung 1964 an die Stelle einer Standseilbahn trat). Zudem gibt es in der Stadt eine ebenfalls zum Metro-Netz zählende Stadtbahnlinie, eine stadtbahnähnliche Meterspurbahn und Trolleybusse. In Zukunft kommt noch eine Tramlinie dazu.

Montreux und die drei Spurweiten

Montreux ist der einzige Bahnhof der Schweiz, in welchem drei Spurweiten aufeinander treffen: die SBB-Normalspur (1435 mm), die 1000 mm Schmalspur der Montreux Berner Oberland Bahn (MOB) und schließlich die 800 mm Spurweite der Transports Montreux-Vevey-Riviera (MVR, Zahnradbahn auf den Berg Rochers-de-Naye).

Schmalspurbahn im Bahnhof von Montreux

Bahnhof von Montreux

Vallorbe und Pétain

Marschall Philippe Pétain (1856-1951) wurde im Ersten Weltkrieg zum ‚Held von Verdun'. In Kanada wurde daraufhin ein Bahnhof nach ihm benannt. Im Zweiten Weltkrieg machten ihn die Deutschen zum Staatschef des ‚Vichy-Regimes'. Er galt deshalb als Kollaborateur und der Bahnhof im Westen Kanadas wurde erneut umbenannt. Als die Alliierten 1944 in der Normandie landeten, wurde Pétain nach Sigmaringen gebracht, Sigmaringen wurde bis April 1945 *‚Hauptstadt des besetzten Frankreich'*. Bald stellte er sich jedoch den französischen Behörden, die ihn schließlich vom Westschweizer Bahnhof Vallorbe abholten.

Locarno und die FART

Der Bahnhof von Locarno befindet sich nicht in Locarno, sondern in der Nachbargemeinde Muralto. Zum Bahnhofskomplex gehört der unterirdische Kopfbahnhof, der *Ferrovie autolinee regionali ticinesi* (Centovallibahn), die als FART ein Akronym hat, über das englischsprachige Besucher wohl die Nase rümpfen. Die Centovallibahn zählt neben der Bahnlinie nach Chamonix, der Berninabahn und der Basler Tramlinie 10 (Birsigtalbahn) zu den meterspurigen Schweizer Bahnen, welche die Landesgrenze überqueren.

Bellinzona und die Aufschüttung

Bellinzona, Hauptort des Tessins -einst teilten sich Locarno, Lugano und Bellinzona die Hauptortfunktion- liegt so beengt zwischen den Bergen, dass für den Bau des 1874 eröffneten Bahnhofs eine künstliche Terrasse aufgeschüttet werden musste. 1924 kam der Bahnhof in die Schlagzeilen, als dort zwei SBB-Schnellzüge kollidierten und 14 Menschen starben. 2008 geriet der SBB-Cargo Standort Bellinzona wegen eines für Schweizer Verhältnisse seltenen Streiks in die Nachrichten. SBB-Cargo-Mitarbeiter hatten gegen einen geplanten drastischen Personalabbau am Standort protestiert. Mit dem Bau der Alpentransversale NEAT (Eröffnung: 2017) gab es in Bellinzona wieder Aufregung - der Bahnhof sollte umfahren werden. Die Pläne sind jedoch zurzeit vom Tisch.

La Chaux-de-Fonds und Le Corbusier

Die Jurastadt La Chaux-de-Fonds, eine der höchstgelegenen Städte Europas (ca. 1000 m ü N.N.), hat etliche bedeutende Persönlichkeiten hervorgebracht (oft wurden sie allerdings erst im Ausland bekannt), darunter den Autofirmengründer Louis Chevrolet und den Architekten Charles Eduard Jeanneret, der später als Le Corbusier weltberühmt wurde. 1933 war Le Corbusier federführend für die Verabschiedung der heute umstrittenen Charta von Athen, die u.a. eine (verkehrsinduzierende) Trennung der Funktionen, Wohnen, Arbeiten, Verkehr und Erholung vorsah.
Als das teilweise stillgelegte Areal des Güterbahnhofs von La Chaux-de-Fonds städtebaulich entwickelt werden sollte, gab

man dem mittlerweile in Bau befindlichen Stadtviertel den Namen *Quartier Le Corbusier*, obwohl hier Wohnen, Arbeiten und Verkehr dicht beisammen sind.

Genève-Eaux-Vives und die Vollendung nach 138 Jahren

Bereits im Jahr 1881 haben die Schweiz und Frankreich eine erste zwischenstaatliche Vereinbarung für den Eisenbahn-Lückenschluss zwischen Genf und Annemasse unterzeichnet. Nur sieben Jahre später ging bereits ein erstes Teilstück von Annemasse bis Genève-Eaux-Vives in Betrieb. Der – auch für aus Savoyen ankommende internationale Reisende – ländlich wirkende Bahnhof sollte aber für die nächsten 131 Jahre eine provisorische Endstation bleiben. Der Weiterbau bis zum Hauptbahnhof Genf Cornavin wurde aus diversen Gründen immer wieder hinausgeschoben. Der Abschnitt auf Schweizer Gebiet befand sich im Zuständigkeitsbereich einer reinen Infrastrukturgesellschaft, der Chemin de Fer de l'Etat de Genève (CFEG), solange noch keine Verbindung zum SBB-Netz bestand. Im Zweiten Weltkrieg beförderte die meter-spurige Strassenbahn Güterwagen zwischen beiden Stationen auf Rollschemeln. In den 1970er Jahren, als sich erneut eine Chance auf Bundesfinanzierung bot, gab der Kanton Genf zunächst dem Flughafenbahnhof den Vorzug. Erst am 15.12.2019 war es soweit, und die weitgehend im Tunnel verlaufende «CEVA»-Strecke (Cornavin – Eaux-Vives – Annemasse) als Herzstück der neuen Genfer S-Bahn (Léman Express) konnte mit fünf neuen Zwischenstationen den Betrieb aufnehmen. Eaux-Vives ist die grösste von ihnen und weist RegioExpress-Halte, ein Reisezentrum und einen Tramanschluss auf. Mit dem neuen Stadttheater (Comédie de Genève) und Hochhäusern in der Umgebung sowie einem von Jean Nouvel entworfenen Stationsgebäude ist heute von ländlicher Idylle nichts mehr zu sehen.

Genf Eaux-Vives (Foto: Hubert Riedle)

Anhang

1. Die größten Bahnhöfe
nach Zahl der Gleise (nur oberirdische Bahnsteiggleise)

<u>Österreich</u>

Linz Hauptbahnhof	13
Wien Hauptbahnhof	12
Wien Westbahnhof	11
Innsbruck Hauptbahnhof	11
St. Pölten Hauptbahnhof	9
Graz Hauptbahnhof	8
Klagenfurt Hauptbahnhof	6

<u>Schweiz</u>

Zürich HB (inkl. 6 unterirdische Gleise)	26
Basel SBB (Basel Bad: 10)	19
Luzern	14
Bern HB (+ 4 unterirdische Gleise der RBS)	12
Basel Bad	10

2. Ergebnisse VCÖ-Bahntest 2019
(10 537 befragte Personen)

Die schönsten Bahnhöfe Österreichs
Landeshauptstadt-Bahnhöfe
1. Wien Hauptbahnhof
2. Salzburg Hbf
3. Klagenfurt Hbf
4. St Pölten Hbf
5. Graz Hbf
6. Linz Hbf
7. Innsbruck Hbf
8. Wien Westbahnhof
9. Wien Meidling
10. Bregenz Hbf

Außerhalb der Landeshauptstädte
1. Spittal-Milstätter See
2. Dornbirn
3. Hbf Wels
4. Tulln
5. Bruck an der Mur
6. Wörgl
7. Knittelfeld
8. Landeck-Zams
9. St. Valentin
10. Attnang-Puchheim

Kleinere Bahnhöfe
1. Gmunden
2. Zeltweg
3. Peggau Deutschfeistritz
4. Feldbach
5. Studenzen-Fladnitz
6. Öztal
7. Leibnitz
8. Matrei
9. Jenbach
10. Mistelbach

https://www.vcoe.at/projekte/vcoe-bahntest-2019-die-ergebnisse

3. Die unbeliebtesten Bahnhöfe der Schweiz

a)   Laut *Tagesanzeiger* vom 16.9.2009

1.   Aarau (vor/während Umbau)
2.   Zürich Hardbrücke
3.   Landquart
4.   Bahnhof Winterthur
5.   Basel SBB

Quelle:
http://www.tagesanzeiger.ch/schweiz/standard/Die-unbeliebtesten-Bahnhoefe-der-Schweiz/story/17486716

b) Laut Leserumfrage der *Basler Zeitung* vom 23.11.2009

	Bahnhof	**Hauptbegründung**
1	Bern (Bahnsteige)	schmuddelig und düster
2	Olten	ungemütlich
3	Stettbach	kalt und grau
4	Frauenfeld	monoton
5	Wettingen	verwahrlost
6	Genf	unübersichtlich
7	Zürich-Stadelhofen	unerträgliches Zugquietschen
8	Othmarsingen	zu eng
9	Zürich-Oerlikon	zugemüllt
10	Solothurn	schrecklich

Quelle:
http://bazonline.ch/panorama/vermischtes/Diese-Bahnhoefe-fallen-bei-den-Lesern-durch/story/19738834?track

4. Reisendenzahlen der Bahnhöfe in Österreich
Reisende und Besuchern/Tag (1000)

Land	Reisende pro Tag
Wien	Hauptbahnhof 120 Meidling 66 Westbahnhof 44 Nord (Praterstern) 53 (Verkehrsknoten mit U-Bahn: 110) Floridsdorf 46 Handelskai 28 Flughafen Wien 14
Übriges Österreich	Innsbruck Hbf 38 Linz Hbf 35 Wiener Neustadt 30 Salzburg 27 Graz Hbf 23 St. Pölten Hbf 25 Klagenfurt Hbf 15 Villach Hbf 14 Feldkirch 14 Wels Hbf 11,5 Dornbirn 10 Baden 10 Bruck a.d. Mur 8,5 Wörgl 6 Neusiedl am See 3 Andere Bahnhöfe mit >5000 Reisenden: Attnang-Puchheim, Leoben, Krems

Quelle: ÖBB

5. Frequentierung der Bahnhöfe der Schweiz

Reisende und Besuchern/Tag (1000)

<table>
<tr><td colspan="1" style="background:#ccc">Reisende/Besucher pro Tag (1000) 2019</td></tr>
</table>

Reisende/Besucher pro Tag (1000) 2019
<u>Großstadtbahnhöfe</u>
(mit Besucher Einkaufszentrum RailCity)
Zürich HB 461
<u>Zürich:</u> Oerlikon 117, Stadelhofen 100, Altstetten 62, Enge 25
Bern HB 330
Winterthur HB 128
Basel SBB 136 (Basel Bad: 23)
Genf Cornavin 177, Geneve Aéroport 46
Lausanne HB 152, Luzern HB 167
St. Gallen 82
<u>Andere Bahnhöfe der Schweiz</u>
Olten 77
Aarau 73
Biel 69
Zug 68
Baden 60
Thun 49
Neuenburg 33
Fribourg 32
Chur 28
Lugano 26
Bellinzona 15

Quelle: SBB (Statistikportal)

Liechtenstein und Südtirol

Liechtenstein	alle 4 Bahnhöfe des Landes zus. 0.5
Italien-Südtirol	Bozen 15

6. Wichtige Bahnhofsarchitekten

Empfangsgebäude	Bahnhofsbauten
Friedrich Eisenlohr (*Lörrach, 1805-1854)	Lahr, Emmendingen und Denzlingen. Erste Bahnhöfe von Mannheim, Karlsruhe, Freiburg, Heidelberg. Stil: neo-gotisch
George Gilbert Scott (1811-1878)	London St. Pancras (1868-1877) Stil: Neogotisch
Friedrich Bürklein (1813-1872)	Augsburg Hbf, Bamberg, alte Bhf von München und Würzburg
Jakob Friedrich Wanner (1830-1903)	<u>Zürich Hauptbahnhof (1865-1871)</u> <u>Aarau Bhf, Schaffhausen Bhf</u> <u>Insgesamt >20 Schweizer Bahnhöfe</u> Stil: Neorenaissance
Gustave Eiffel (*Dijon, 1832-1923)	Budapest Nyugati, Maputo (Mosambik), Halle der Estacion Central (Santiago de Chile)
Fritz Klingholz (* Wuppertal 1861-1921)	Koblenz Hbf (1899-1902) Lübeck Hbf (1908), Lübeck-Travemünde (1913) Worms Hbf (1904), Wiesbaden Hbf (1904-1906)
Eliel Saarinen (* Helsinki, 1873-1950)	Helsinki Hauptbahnhof (1910-14) Vyborg Bahnhof (1913), zerstört Stil: Jugendstil
Paul Bonatz (1877-1956)	Stuttgart Hbf (1914-1927) Stil: neue Sachlichkeit
Meinard von Gerkan (*Riga, 1935)	Berlin Hauptbahnhof (2006) Stil: Moderne Glasarchitektur
Santiago Calatrava (*Valencia, 1951)	<u>Zürich Stadelhofen (1984)</u> Lissabon Oriente (1998) Flughafenbahnhof Lyon (1994) Liege-Guillemins (2007) Stil: Modern, biomorphe Formen

Literatur

Wolfgang Kaiser
Die Wiener Bahnhöfe
Geramond, München 2011

Lis Künzli (Hrsg.)
Bahnhöfe. Ein literarischer Führer
Eichborn Verlag, Berlin 2007

Mihály Kubinsky
Bahnhöfe in Österreich- Architektur und Geschichte
Verlag Otto Slezak, Wien 1986

Mihály Kubinsky
Bahnhöfe Europas- Ihre Geschichte, Kunst und Technik
Franck´sche Verlagshandlung, Stuttgart 1969

Erich Preuß, Hans-Joachim Kirsche
Wunderwelt der Eisenbahn
GeraMond Verlag, München 2001

Peter Püntener
Uris Kampf für eine „bessere" NEAT
Separatdruck aus „historisches Neujahrsblatt", Altdorf 2015

Ralf Roth
Das Jahrhundert der Eisenbahn
Jan Thorbecke Verlag, Ostfildern 2004

Schweizerische Bundesbahnen
Informationen zum Fahrplanwechsel Dezember 2019 (Beitrag
über die Geschichte der Genfer S-Bahn), Bern.

Schweizerische Bundesbahnen
Statistisches Vademecum - SBB in Zahlen 2020
SBB, Bern 2020

Gerhard Trumler, Christoph Wagner
Stationen der Erinnerung. Kultur und Geschichte in Österreichs
alten Bahnhöfen
Verlag Österreich, Wien, 1998

Martin Walker
Zürich HB - Porträt eines faszinierenden Kosmos
Faro, Lenzburg 2011

Martin Weltner
Bahnhöfe der Welt
Geramond, München 2020

(Foto: Hubert Riedle)

Webseiten

www.de.wikipedia.org (Wikipedia-Seiten zu Bahnhöfen)

Kantonsschule Aarau
http://de.wikipedia.org/wiki/Alte_Kantonsschule_Aarau

Attnang Puchheim
http://m.faz.net/Rub4521147CD87A4D9390DA8578416FA2EC/Doc~E42FDBC6E
1D444F41A8D015DBF1D0D9BA~ATpl~Epartner~Ssevenval~Scontent.xml

Basel und Dürrenmatt
http://www.swissinfo.ch/ger/kultur/Duerrenmatt:_schwierige_Annaeherung_an_ein_
Monument.html?cid=29014902

Bundesbahn-Blues von Gerhard Bronner (Text)
http://www.lyrics.de/songtext/gerhardbronner/bundesbahnblues_1c888.html

Bundesbahn-Blues gesungen von Helmut Qualtinger
http://www.youtube.com/watch?v=YK68543KnZ4

Feldkirch und James Joyce
http://vorarlberg.orf.at/magazin/klickpunkt/stories/12497

http://www.erinnern.at/bundeslaender/oesterreich/e_bibliothek/seminarbibliotheken-
zentrale-seminare/an-der-grenze/267_BahnstationFeldkirch.pdf

Hallein und die Bahnhofsdurchsage
http://regionaut.meinbezirk.at/hallein/magazin/ein-un-ding-fuer-halleiner-d29904.html

Kopfstetten-Eckartsau und der Kaiser
http://www.sagen.at/fotos/showphoto.php/photo/22961
http://home.pages.at/carolina/archiv/3-03.htm

Linz und die Bahnhofslöwen
http://www.insitu-linz09.at/de/orte/33-orte-hauptbahnhof.html

Romanshorn und der Mocmoc
http://www.mocmoc.ch/mocmoc.html

Eisenbahn in Südtirol, Vintschgauerbahn
http://www.spaghetti-mit-knoedel.com/verkehr/tschuf-tschuf-eisenbahn/

Zell am See und Herbert Feuerstein
http://www.jedermann-festspiele.de/biographien/feuerstein/index.html

Zürich Stadelhofen und Max Frisch
http://bazonline.ch/kultur/buecher/Ein-Kuebel-Wasser-von-Max-Frisch/story/31302351

St. Gallen und die binäre Uhr
https://www.saiten.ch/blinkend-der-zeit-voraus/

Bildnachweis

Bahnhofsbild Bozen (gemeinfrei)
http://de.wikipedia.org/w/index.php?title=Datei:FassadeBhf.jpg&filetimestamp=20070114110759

Karnabrunn
Autor: Andreas Baumgartner
http://wandertipp.at/andreasbaumgartner/2009/01/29/karnabrunn-hauptbahnhof/

Linz, alter Bahnhof (gemeinfrei)
http://de.wikipedia.org/w/index.php?title=Datei:Bahnhof_der_Kaiserin-Elisabeth-Bahn_-_Linz.jpg&filetimestamp=20101227151654

Graz HB (Nutzung gemäß GNU Lizenz Version 1.2)
http://de.wikipedia.org/w/index.php?title=Datei:Graz_Hauptbahnhof_Halle.jpg&filetimestamp=20090815074220

Wien, alter Nordbahnhof, Postkarte (gemeinfrei)
http://de.wikipedia.org/w/index.php?title=Datei:Nordbahnhof_Ansicht_1900.jpg&filetimestamp=20061208110003

Übrige Bilder: Autor

<u>Weitere Bahnhofsbücher des Autors</u> (Siehe www.bod.de)
(Insgesamt Anekdoten zu 1001 Bahnhöfen)

Palast der tausend Winde und Stachelbeerbahnhof
Kleine Geschichten zu 222+2 Bahnhöfen in Deutschland
Books on Demand, Norderstedt 2020

Flügelradkathedrale und Zuckerrübenbahnhof
Kleine Geschichten zu 222 Bahnhöfen in Europa
Books on Demand, Norderstedt 2020

Der Lebkuchenbahnhof am Ende der Welt
Kleine Geschichten zu 222 Bahnhöfen in Afrika, Asien und
Ozeanien
Books on Demand, Norderstedt 2013

Grand Central Terminal und Pampabahnhof
Kleine Geschichten zu 222 amerikanischen Bahnhöfen von Alaska
bis Feuerland
Books on Demand, Norderstedt 2019

Antwerpen CS